한 권으로 보는
알제리 건설 실무

이동환 · 이승환

박영story

머리말

　　저자는 2008년부터 북아프리카 마그레브 국가 중 하나인 알제리와 연을 맺었다. 알제리는 광활한 국토면적(한국의 약 20배로 세계 10위, 아프리카 1위)과 석유수출기구(OPEC) 회원국으로 풍부한 석유자원(매장량 122억 배럴, 세계 16위, 아프리카 3위), 천연가스(4.5조㎥, 세계 10위, 아프리카 2위) 그리고 저렴한 노동력과 북부의 온화한 지중해성 기후를 자랑하고 있다. 세계경제포럼(World Economic Forum)에서 시행한 2016−2017 국가경쟁력 평가에서는 138개국 중 87위를 기록(한국 26위)하는 등 과거와 비교하여 꾸준한 성장세를 유지하고 있다. 알제리는 자국 경제발전을 위해 경제개발계획(3차 '15~'19)과 국토종합개발계획(SNAT)을 수립하여 대규모 국책사업을 계획 및 발주하였다.

　　한국과 알제리의 관계는 2006년 양국정상간 체결한 『한−알제리 전략적 동반자 관계』 이후 교역이 활발해졌다. 알제리는 그간 풍부한 오일머니를 통한 경제개발 및 국토균형발전 정책에 따라 신도시, 항만, 고속도로, 철도, 플랜트 등 다양한 정책사업을 발주하여 한국 건설 기업들이 다양한 사업을 수주하는 계기가 되었다. 지금도 우리 건설기업들은 새로운 부가가치를 창출하기 위해 도전 중이다. 하지만 2014년 말부터 이어진 세계경제 둔화와 유가하락으로 석유의존도가 높은 알제리도 적지 않은 영향을 받아 최근 재정수지 적자 및 외환보유고는 감소세를 기록하고 있다. 2015년 대규모 사업을 이행할거라던 알제리 정부는 유가하락으로 대규모 투자가 수반되는 사업의 발주를 연기하였다. 알제리 정부는 지나치게 높은 석유의존도를 해결하기 위해 적극적인 산업다각화 정책을 추진 중이지만 기존 석유산업으로부터 산업체질 개선을 꽤하는 알제리로는 갈 길이 멀다. 하락한 유가와 중동정세악화 그리고 경제성장 둔화 등 다양한 악재는 우리 건설기업의 활로를 가로 막고 있어 전망이 밝지만은 않다.

　　발주처 담당자와 공무원 별로 현지 규정에 대한 해석 범위와 행정절차가 상이한 경우가 있어 한국의 행정과 사업승인 절차에 익숙한 아국 기업에게는 알제리 초기 생활에 어려움을 느낄 수 있다. 저자도 첫 부임 당시 생활과 업무환경에 당황했던 경험이 적지 않았다. 그러나 지금까지의 경험들을 하나의 추억거리로 간직하기보다 현지 지사와 법인의 설립부터 청산까지 담당하고 사업의 영업, 수주, 관리를 한 실무자로서 느낀 부분들을 알리고 관련 정보를 취합하여 공유할 필요가 있다는 생각이 들어 본 도서를 작성하게 되었다.

본 도서는 알제리 건설 시장을 진출 준비 중인 후발 건설 기업의 정착, 시행착오를 줄이고 수주 확대와 사업 준공에 작게나마 기여하고자 흩어져 있던 정보를 수집하고 체류하면서 습득한 경험과 자료를 기록으로 엮었다. 본 도서가 나오기까지 해외진출 지원을 위해 노력하는 우리나라 많은 기관들을 비롯하여 집필 및 자료 수집에 많은 도움을 제공한 대림산업, 한화건설, LH공사, 주알제리한국대사관, 해외건설협회, 수출입은행, 코트라, 외교부, 국토교통부, 알제리 한국건설협의회, 현지 진출 한국기업, 알제리 청년회 그리고 알제리 투자청, 알제리 세무서(DGE), KPMG, MAZARS 등 모든 관계자 여러분께 마음 깊이 감사의 뜻을 전한다. 이 밖에도 다양한 조언을 아끼지 않으신 많은 지인분들께 이름을 일일이 거론하며 고마움을 전하지 못함을 죄송스럽게 생각하고 감사의 뜻을 전하며, 특히 부족한 능력에도 필자에게 흔쾌히 출간의 기회를 주고 지원을 아끼지 않으신 박영사스토리 안상준 상무님을 포함한 직원 일동에게 고마움을 표한다.

마지막으로 아직까지는 다소 미숙한 부분이 있고 내용이 완벽히 정리되지 않아 출판이 다소 이른 감이 있으나 출간은 종료가 아닌 시작이라는 다짐으로 앞으로 꾸준히 조사하고 연구하여 보완해 나가리라는 의지로 저자의 마음을 달래본다.

이동환·이승환

차례

PART 01

알제리 개황

PART 02

알제리 진출

PART 03

업무 및 활동

알제리
개황

PART
01

알제리는 지중해 연안에 있는 마그레브 국가로 국토의 크기는 아프리카 1위(세계 10위)이며 면적은 238.2만㎢로 한반도의 약 10배에 달한다. 해안선 길이는 약 1,000㎞로 동쪽으로는 튀니지, 리비아, 남쪽은 니제르, 말리, 모리타니, 서쪽으로는 모로코와 국경을 맞대고 있다. 하지만 국토 남부의 84%가 사막으로 이루어져 있어 국민의 약 95%가 북부에 생활하는 등 자연여건으로 인한 국토 불균형이 심하다.

알제리의 행정구역 윌라야(Wilaya)는 규모면에서 시·도와 유사한 개념이나 크기 때문에 시(市)보다 주(州)로 우리에게 인식된다. 알제리는 48개의 윌라야(Wilaya)로 나누어지며, 수도 알제와 남부 일부 지방행정지역은 특별체제 조직으로 별도로 운영된다. 하지만 광활한 국토 규모로 남부 사막의 경우 2009년까지만해도 지적이 완료되지 않은 지역도 일부 존재했다고 한다.

알제리의 주요 인구 계층은 젊은이들로 구성되어 상당히 젊고 활기찬 나라다. 아마도 기존 중장년층이 세계 대전과 독립전쟁에 참전하면서 희생되었기 때문일 것으로 짐작한다. 하지만 생활환경이 열악하고 의료수준도 낮아서라는 견해도 있다. 실례로 저자가 만난 현지인 가족 중 일부는 제대로 된 치료를 받지 못해 세상을 떠난 경우도 있고 젊은이들의 경우 치아가 빠지고 썩었으나 치료를 받지 않고, 중장년층에는 백내장, 당뇨병에 걸린 사람이 많은 편이었다.

알제리의 국교가 이슬람인 만큼 각 동네마다 이슬람 사원을 심심치 않게 볼 수 있었고 미비하게 카톨릭과 유대교도 존재하고 있다. 그 중 알제시에는 노트르담 다프리크(Notre Dame d'Afrique)라 불리는 성당에 카톨릭 신부가 파견나와 있고 한국 수녀도 계셨다고 들었으나 직접 만난 적은 없다.

알제리의 공용어는 아랍어이나 1830부터 132년 동안 프랑스의 식민지배의 영향으로 프랑스의 언어와 문화가 이들 삶 속에 내재되어 있고, 이미 행정, 제도, 정책 등 많은 부분에서 영향을 받아 프랑스 제도와 흡사하다.

▌ 국가개황

국가명	알제리민주인민공화국(People's Democratic Republic of Algeria)
위치	북부 아프리카 지중해연안(모로코, 서사하라, 모리타니, 말리, 니제르, 리비아, 튀니지 등 7개국과 접경, 국경선 6,343km, 해안선 998km)
면적	2,382,000㎢(한반도의 약 10배, 아프리카 1위, 세계 10위)
기후	지중해성(북부), 대륙성 및 사막기후(남부)
수도	알제(Algiers)
인구	4,050만명(2016.02.04 알제리 통계청(ONS) 기준)
주요도시	알제(알제 수도권/483만명), 오랑(Oran/144만명), 콘스탄틴(Constantine/94만명), 안나바(Annaba/64만명)
민족	아랍인(81%), 베르베르인(19%)
언어	공용어-아랍어, 베르베르어(소수민족), 상용어-프랑스어
종교	이슬람 수니파회교(98%), 천주교 및 기독교(2%)
독립일	1962년 7월 5일(프랑스로부터 독립)
정부형태	인민공화제(대통령 중심제/임기 5년, 연임가능)
국가원수	압델라지즈 부테플리카(Abdelaziz Bouteflika/4선 2014.04.17)
가입기구	IAEA, IBRD, ILO, IMF, OPEC, UN, WHO, WIPO 등
군사력	육군 약 320,000명, 해군 약 22,000명, 공군 약 54,000명

자료: EIU Country Report, 코트라 글로벌윈도우, ONS(알제리 통계청) 등 (2016.11)

Ⅰ. 문화 및 사회

1. 문화적 갈등 구조

근래 한국과 알제리간 사업 및 교류가 활발해지면서 알제리 사람을 접할 기회가 많아졌다. 한국을 방문하는 알제리 관광객도 있고 알제리에 진출한 우리 기업도 많아졌다. 하지만 양국간 교류가 많아졌음에도 아직도 서로의 문화와 현지에서 중요시 여기는 가치에 대해 이해가 부족하여 실례를 범하는 경우가 종종 발생한다. 아직도 많은 사람들이 알제리에 대해 갖고 있는 잘못된 상식 또는 선입견 중 하나는 북아프리카 마그레브 국가 중 하나인 알제리를 다른 중동 또는 아프리카국가와 동일하다고 생각하는 것이다. 이외에 중동-아랍-이슬람을 동일한 의미로 착각하는 사람들도 많다. 하지만 중동과 마그레브는 지리적인 개념이고, 아랍은 민족적인 개념이며, 이슬람은 종교적인 개념으로 서로 같다고 할 수는 없다.

알제리는 지리적으로 아프리카대륙 북부에 위치한 마그레브 국가로 인근 유럽국가들(특히 프랑스)의 영향을 많이 받았고 대부분의 국민이 이슬람교를 믿고 있다. 알제리는 지정학적으로 유럽, 중동, 아프리카의 중심지에 위치하여 다양한 인종이 거주하고 있다. 특히 아랍인(82%), 베르베르인(15%) 외 터키, 로마, 그리스, 카탈란 후손들도 혼재한다. 하지만 일부에서는 독립 이후 이슬람과 아랍전통 중심의 국가정체성(아랍화)을 인위적으로 확립하기 위해 베르베르인의 비중을 실제보다 낮게 평가했다는 의혹이 제기되기도 하였다. 원주민인 베르베르인(Berbère) 중에서도 아랍화가 완전히 진행된 사람들을 아랍인으로 간주하기에 인구구성에 있어 실제 아랍인은 공식발표보다 더 낮을 것이라는 의견이 존재한다.

알제리는 이슬람 문화와 유목 문화의 영향으로 사회전반에 걸쳐 남존여비 사상이 강하고 남녀차별이 심하다고 느껴질 수 있으나, 다른 중동 지역에 비하면 두발복장이 상당히 개방적이고 여성의 사회적 활동과 참여가 높고 자유로운 편이다. 다만, 이슬람 문화권의 영향과 관광 및 서비스 산업이 발달하지 못하여 식당 및 카페를 포함한 의류 매장에서도 남성점원이 상대적으로 많은 편이다.

정치경제사회 시스템은 프랑스와 사회주의 영향을 많이 받았다. 많은 사람들이 알제리의 문화를 중동의 문화와 동일하다고 생각할 수 있겠지만, 사실 우리가 흔히 알고 있는 중동의 문화보다는 개방적이고 복합적인 문화 특성을 지니고 있다. 알제리에는 크게 3가지의 복합적인 문화가 혼재한다. 132년간 사회제도 속에 정착된 프랑스 문화와 국교이자 정신세계를 지배하는 이슬람 문화 그리고 환경에 의한 사막전통 유목민인 베두인(Bédouin) 문화가 공존한다. 이로 인하여 머리는 이슬람, 몸통은 프랑스, 팔과 다리는 베두인이라고 표현하는 보고서들도 다수 존재한다.

1) 프랑스 문화요소

알제리는 132년간의 프랑스 식민통치와 독립운동 등으로 인해 프랑스에 대한 반감이 존재한다. 그럼에도 독립 이후 아랍화의 시도에도 불구하고 알제리는 계속 프랑스의 행정체계를 따르고 있고 각종 규격 및 도량형 역시 프랑스식을 따른다. 그 외 프랑스 문화나 가치관도 알제리 사회 깊이 내제되어 있어 사회,

경제 시스템 역시 프랑스와 유사하다. 앞서 언급했듯이 프랑스어는 알제리의 공용어는 아니지만 식민지배로 인해 상용어로 쓰이면서 모국어인 아랍어와 함께 통용되고 있다. 1960년대에는 정권강화를 위해 프랑스어를 말살하려는 시도도 있었으나 이 정책이 실패하면서 근대화를 위한 도구의 하나로서 프랑스어를 유지해야 할 필요성이 제기되어 상용어로 존재하고 있다. 실제 저자가 참여한 국제입찰의 경우 지침서가 프랑스어로 되어 있고 제안서도 프랑스어로 작성토록 요청되었던 만큼 사업을 추진하게 될 경우 프랑스어 구사자가 생각보다 많이 필요하다. 그 외 알제리의 법질서, 행정, 교육제도 등 사회의 모습은 프랑스와 유사하고 지리, 언어적 요인으로 인해 해외유학 대상지도 프랑스가 가장 많다.

2) 이슬람 문화요소

알제리도 여러 중동 북아프리카 국가들과 같이 다수의 국민이 이슬람교를 믿고 있다. 타 종교를 배척하며, 자국민이 이슬람 외 다른 종교를 믿는 것을 배반행위로 여기는 경향이 있으나, 외국인에 대해서는 종교의 다양성을 인정하는 편이다. 알제리 내 카톨릭 성당과 개신교 교회가 존재하나 믿는 사람은 극소수에 불과하다.

대다수가 이슬람을 종교로 믿기는 하나, 세계화 및 서양 문화의 유입을 통해 계명을 의무적으로 지켜야 한다는 마음은 사람마다 다르고 시대가 변하면서 많이 약

• 우리가 연상하는 중동국가 모습(상)
• 알제리 근무 당시 히잡을 쓴 직원 모습(하)

해진 듯하다. 이슬람 여성의 몸 전체를 가리는 복장과는 달리 히잡(머리에 두르는 보자기)은 하나의 패션요소가 되었고 착용 여부는 여성 개인의 자유에 의해 결정된다. 알제리에서 히잡을 쓰던 이슬람 여성들도 해외에 나가면 히잡을 쓰지 않고 자유로운 복장으로 다니는 경우가 더러 있다. 해외 유학생활이나 개방적인 사상을 가진 알제리 사람 중 라마단 기간에 해외를 나가거나 가정에서 식사 또는 음주를 하는 사람도 더러 존재한다.

3) 베두인 문화요소

베두인(Bédouin) 문화는 알제리의 사막유목민 문화이다. 기원전 11~12세기경 낙타를 가축화한 후 오늘에 이르기까지 베두인(Bédouin) 문화의 정신은 유지되어 왔다. 지금은 민족의식으로 잔존하는 전통문화이고 열악한 사막환경 생활을 통해 전통과 언어가 전해져 내려오며 주로 가족주의 특성을 지닌다. 씨족 단위의 응집력 전통이 강하여 족 내 및 근친혼 전통이 있고 신뢰 관계가 족 내까지만 유지되어 다른 씨족과의 통혼은 금기시 되는 경향이 있다. 남성은 용맹을 제일의 덕목으로 삼아 어떤 상황에서도 비겁한 모습을 보여서는 안 된다고 여기기에 쉽게 격분하는 기질이 있으나, 이와 반대로 손님에 대해서는 숙소와 음식을 제공하고 가난한 자를 배려하는 관대성도 있다. 오늘날에 베두인은 극소수만 남아 사막유목민 생활을 이어가고 문화와 전통만 계승되고 있다.

2. 알제리 사회 및 문화

1) 생활문화

알제리 대중은 자존심과 사회주의적인 면이 뚜렷하고 남존여비 사상이 강하여 부부라도 길거리에서 손잡고 다니는 것을 꺼려한다. 빈부격차, 교육수준에 따라 성향에 편차가 있겠으나, 일반적인 국민성향은 상당히 외향적이며 다혈적인 면들이 두드러진다. 말하기를 좋아하며, 사소한 언쟁도 절대 지지 않으려 한다. 사교성이 좋아 길을 가다가도 처음 보는 사람과 인사하며 오랜 친구처럼 이런저런 담소를 나누기도 한다. 실제 현지인을 대동하여 업무협의를 갈 경우 대화의 대부분이 업무와 무관한 이야기를 하는 경우가 많다. 알제리 사람들은 협의를 하는 데 있어 시간에 구애를 받지는 않으나 퇴근시간은 철저하다.

알제리는 다민족 다문화의 나라로 로마와 오토만 제국의 오랜 통치를 거치며 다수의 백인이 유입되었고, 외형적으로도 여러 모습을 지녔다. 대가족 중심의 문화가 발달했고 공식적으로는 음주문화가 없는 대신 차와 담배 문화가 발달했다. 아직 알제리에는 흡연자에 대한 규제는 강하지 않다. 애연가들이 많아 식당, 커피숍 등 실내외 상관없이 흡연을 많이 한다. 예전 주요 일간지 『El Watan』에 따르면 알제리 담배 소비는 30년 전 대비 3배 이상 증가하였고 담배에 따른

질병 발생률도 43.8%를 기록했다고 한다.

유흥문화는 그리 발달되지 않아 밤 8시만 넘으면 시내의 불이 대부분 꺼지고 활동도 적어 알제는 귀신들의 수도라는 별명도 얻었다. 하지만 수도 알제 일부 호텔이나 독립기념탑(Monument) 또는 팜비치(Palm Beach) 쪽으로 가면 고급식당, 카바레, 클럽들이 새벽까지 네온을 밝히고 있다. 알제리 문화 중 빠질 수 없는 것이 축구일 것이다. 남녀노소 할 것 없이 축구에 큰 관심을 보인다. 특히 월드컵이나 아프리카 대륙컵과 같은 국제축구 경기가 있는 날이면 도시 전체가 축제 분위기로 바뀐다. 현지 일간지 『Jeune Afrique』에 따르면 2014년 브라질 월드컵에서 알제리의 16강 진출을 자축하던 중 응원단의 차 사고로 2명이 사망하고 31명의 부상자가 속출하였다. 프랑스에서도 알제리인의 소요사태로 다수의 차량이 불탔고 20여 명의 알제리인이 연행되었다고 한다. 실제 중요한 축구경기가 있는 날 저녁 외부에서 돌아오는 길에 현지 축구팬들이 차 밖에 매달려 자축하는 등 흥분을 감추지 못한 기억이 있다.

알제리 남성들의 헤어스타일은 대부분 비슷하다. 뜨거운 태양 때문인지 알제리 남성들은 대부분 머리를 짧게 자르고 코나 턱 수염을 기르는 편이다. 곱슬머리를 가진 사람이 머리를 기르면 사자처럼 뻗치기 때문일 것이라고 한다. 때문에 알제리 남성들은 이발소에 자주 가는 편이며, 비용은 약 200~300디나(DA) 수준으로 저렴한 편이다. 하지만 알제리에서 동양인 머리를 잘 다루는 이발소를 찾기는 쉽지 않다. 결국 주변 한국 사람들이 많이 이용하는 곳으로 가는 것이 시행착오를 줄이는 방법이다. 알제리에서 이발소를 처음 이용하는 경우, 짧은 스포츠 머리를 원하지 않는 경우, 사전에 자신이 원하는 스타일을 잘 설명해야 한다.

결혼문화는 집안 형편이나 양가 합의에 따라 그 내용이 다르지만 형식은 대체로 종교적인 행사로 치러진다. 결혼까지는 약 1개월의 시간이 걸린다. 절차는 양가가 모스크(사원) 또는 집안에 모여, 이맘(사원의 사제)에게 결혼 사실을 선언함으로써 결혼이 성립된다. 이때 신랑측에서 신부측에게 성혼의 표시로 일정 금액(형편에 따라 약 15~30만 디나(DA))을 전달한다. 이후 신랑측에서 예단(폐물 등)을 보낸다. 그리고 많이 베풀수록 축복받는다고 여겨 신랑/신부측이 각각 친구들을 초대하여 석식을 제공한다. 이런 의례적인 절차가 끝나면 신랑측에서 날을 잡아 친구들과 함께 처가를 방문하여 신부를 데려온다. 이때 차량행렬과 음

악 퍼레이드가 이어진다. 이때만큼은 경찰이 갓길 운전을 용인하는 편이며, 주변 차들도 경적을 울리며 함께 축하해준다. 이날 저녁에는 남녀 하객들이 함께 모여 피로연을 개최하고 신부는 여러 옷을 번갈아 입으며 하객들에게 고마움을 표하고 인사를 한다.

2) 언어

알제리는 헌법상 아랍어를 국어로 지정하고 있어 유치원부터 대학교까지 아랍어로 교육을 받는다. 하지만 프랑스어도 초등학교부터 교과목으로 함께 가르치고 있고 상용 언어로 널리 쓰이고 있다. 최근에는 젊은 층을 중심으로 더 좋은 근로조건을 얻기 위해 아랍어와 프랑스어 외에도 영어나 기타 외국어를 배우려는 사람들도 늘고 있다. 알제리에서 사용하는 아랍어 중에는 많은 단어가 베르베르, 프랑스, 터키, 스페인어에서 차용되었다. 때문에 주변국(모로코, 튀니지, 리비아) 사람들하고 소통하는 데에는 지장이 없으나 다른 아랍국가(이집트, 요르단, 사우디 등)와의 소통에는 어려움이 있다. 알제리는 독립 이후 꾸준히 아랍어를 표준화하고자 노력했지만 시행에 문제를 겪어 결국 현재까지 프랑스어와 병행하고 있는 실정이다. 실제로 체류시 만났던 정부 공무원들도 일부 공문서 및 회의록을 프랑스어로 작성하여 결재받고 저자와 공유하기도 하였다. 베르베르어는 1980년 이후 국영방송 4개 중 1개 채널에서 방송하고 일부 대학에서도 강의 중이다. 2002년 4월 개정된 헌법에서는 "베르베르어는 국민어이다"라고도 명기되기도 하였다.

3) 소비문화

알제리는 지정학적으로 유럽과 근접하고 지중해 연안에 위치, 북아프리카 경제권에 속하고 오랜 프랑스 식민통치 등으로 사고방식이 개방된 편이다. 소비자들은 실시간 해외 위성방송을 통해 최신유행과 신제품 정보를 잘 파악하고 있다. 코트라 및 다수의 보고서에 따르면, 알제리는 개도국과 선진국이 혼재된 특수한 시장으로 유럽에 준한다는 평가를 받기도 한다.

알제리 국민소비는 경제성장을 통해 활발해졌다. 알제리 통계청(ONS)에서 마지막으로 조사된 2011년 가정지출현황을 살펴보면, 가구 총 지출액은 4조 4,890억 디나(DA)로 2000년 1조 5,310억 디나(DA) 대비 3배에 달하는 것으로

▎ 기본 물가정보(단위: 알제리 디나(DA))

구분	항목	가격
식품류	쌀 1kg(SOS)	300
	계란 12개	500
	쇠고기 등심 1kg	2,000
	우유 1L	100
	식용유 1L	200
	생수 1L	25
	맥주(하이네켄 355ml, 6팩)	1,500
	담배 1갑(말보로)	150
의료비	병원진료비(의료보험 X, 몸살감기 내과초진)	130
	병원진료비(의료보험 ○, 몸살감기 내과조친)	130
차량관련	중형승용차(2000cc 신차, 에어컨 포함 기본사양)	2,000,000
	무연휘발유 1L	33
	자동차 등록비	25,000
	자동차보험료 의무(2,000cc신차, 운전경력10년, 대인/대물, 1년)	57,600
교통비	도심 1시간 주차료	100
	지하철 기본요금 (1구간)	50
	시내버스 기본요금(blue)	25
	택시 기본요금	100
통신	시내전화 요금(3분)	30
	국제전화 요금(3분, 한국으로 걸 때)	150
	휴대전화 요금(월 표준 1분)	10
	인터넷 월사용료(ADSL 1mb/s기준)	1,500
주택	아파트 월 임차료(150m², semi-furnished, 시내, 중상급)	20만
교육	외국인학교 초등 1년 수업료(중상급)	미화 25,000달러(USD)
숙박	특급호텔(5성급) 1박 정상요금(싱글)	30,000
	중급호텔(3성급) 1박 정상요금(싱글)	15,000
임금/노무	대졸 초임(중상급 대졸, 영어구사, 외국인회사 초임 월 급여)	3~45,000
	생산직 초임(학력무관 월 급여 초임)	18,000
	매니저급 급여(인사담당 5년 경력 과장급 월 급여)	120~30,000
기타	드라이크리닝(정장 1벌 기준)	130

자료: EIU Country Report, 코트라 글로벌윈도우 등 (2016.11)

나타났다. 알제리 한 가정당 월 평균 59,176디나(DA)를 지출하는 것으로 이 중 도시에 거주하는 가정은 평균 62,215디나(DA), 농촌에 거주하는 가정은 54,334 디나(DA)를 지출하는 것으로 조사되었다.

저자가 알제리에 부임한 2008년 당시와 비교하여, 수도 알제의 전반적인 소득과 생활수준이 향상된 것을 체감할 수 있었다. 아마 과거 대규모 인프라 사업들을 발주하면서 우리나라를 포함한 많은 해외 업체에서 진출한 것도 한 요인일 수 있겠다. 그리고 가전제품들의 보편화로 고소득자 중심의 시장이 중산층에게까지 확대되면서 관련시장 규모가 커지고 선보이는 제품의 종류도 다양해졌다. 에어컨 및 평면 TV 등 가전제품이 시장에 늘어났음을 직접 눈으로 확인할 수 있고 인터넷의 보급 확대로 컴퓨터, 노트북 등 관련 기기들의 수요도 증가하였다. 스마트폰도 하루가 다르게 기존 핸드폰 시장을 대체하면서 첨단 기능을 갖춘 신제품이 시장 점유율을 높여가고 중고 스마트폰 가격도 높게 형성되어 있다.

일반적으로 알제리는 국민소득이 높지 않아 제품의 가격이 중요한 구매결정 요인이었으나, 최근 들어 젊은 층을 중심으로 의류, 신발과 같은 소비재는 브랜드를 중시하는 경향도 2008년 저자의 부임초기 때와 달라진 모습 중 하나다. 이와 같이 유행 제품의 영향력이 높아진 이유로는 소득향상과 위성방송을 접하면서 관심이 높아졌다고 추측해 본다. 하지만 아직까지는 정식제품보다 유사 상품이 많이 유통되고 있다.

4) 국경일과 공휴일

알제리의 공휴일은 이슬람력에 의해 일자가 매년 변하는 종교휴일(Religious Holidays)과 양력에 의해 일자가 정해진 국경일(National Holidays)로 구분된다. 종교휴일은 이슬람력에 의하여 정부에서 달을 관측한 후 공식언론을 통해 발표하기 때문에 혼선이 종종 발생하기도 한다.

▍ 국공휴일

날짜	내용	비고
1.1	신년일	공휴일
3.8	세계 여성의 날(공휴일은 아니나 여성에 한하여 반차 휴가 제공)	세계 여성의 지위 향상을 위하여 1975년 UN에서 매년 3월 8일을 기념일로 지정
3.19	종전의 날	알제리 전쟁이 공식적으로 끝났음을 알리기 위한 기념일
5.1	노동절(근로자의 날)	노동자의 근로조건을 개선하고 지위를 향상시키기 위해 연대의식을 다지는 날
7.5	독립기념일	프랑스 식민지배로부터 독립을 기념
11.1	대불 혁명 기념일	프랑스 식민지배에 독립운동을 일으킨 첫날

▍ 주요 종교휴일

날짜	내용	비고
1.20	이슬람 신년/Awal muharram	1일 휴무
1.29	금식으로 전년도 잘못을 사죄받음/Achoura	1일 휴무 이슬람 신년 10일 뒤
3.31	모하메드 탄신일/Al-Mawlid an-nabaoui	1일 휴무
10.13	기도의 달로 여기는 라마단의 종료일/ Aïd El-Fitr(Aïd es-Seghir)	2일 휴무
12.20	하나님께 양을 희생제물로 바치는 의식/ Aïd El Adha(Aïd el-Kebir)	2일 휴무 하나님에 대한 아브라함의 복종을 기념

자료: 주알제리한국대사관 (2017년 종교휴일 기준, 매년 변경)

❶ 독립기념일(7. 5)

독립기념일은 공휴일로 알제리의 독립을 기념하는 날이다. 프랑스군이 1830년 6월 14일 시디 프레즈(Sidi Fredj) 연안을 통해 상륙한 후 7월 5일 침략 합병하였다. 이후 알제리는 132년간의 식민지배 끝에 1962년 3월 18일 종전을 발표하고 에비앙 조약을 체결하였다. 같은 해 6월 1일에는 민족자결에 의한 국민투표(99.7% 독립찬성)를 통해 독립을 공식화한 후 알제리에서 100만명의 프랑스인이 빠져나갔다. 독립기념일을 정하면서 프랑스가 알제리를 합병한지 꼭 132주년이 되는 날인 1962년 7월 5일을 독립기념일로 선포하였다. 이후 매년 7월 5일은 식민지배 합병일이자 알제리 독립기념일로 기념하게 되었다.

❷ 혁명기념일(11. 1)

혁명기념일은 한국의 3·1절에 해당하는 날로 알제리 혁명군이 프랑스 식민지배(1832~1962)에 맞서 전개한 독립운동(1954~1962)을 기념하기 위해 독립운동 첫날인 1954년 11월 1일로 지정하였다. 독립운동은 내전인 동시에 이념 전쟁이었으며, 프랑스와 알제리 두 나라간 엄청난 인적 물적 피해가 발생하였다. 1945년 5월 8일 독일(나치)이 연합군에 제2차 세계대전 항복을 선언한 날로, 알제리 무슬림 약 5,000명도 북동부 내륙도시 세티프(Setif)에서 집결하여 전쟁 종식을 축하하는 퍼레이드를 벌이다가 프랑스 군경(gendarmerie)들과 유혈 충돌이 일어나면서 발단이 되었다. 이에 프랑스 군경은 마을 일대에 무슬림에 대한 무차별 항공기 폭격과 총격을 가했다. 이로 인해 집회에 참석하지 않았던 민간인까지 전국적으로 총 45,000명이 학살됐다.

이 사건을 기점으로 1830년부터 유지되어 왔던 프랑스 식민지 지배에 대한 거부감이 확산되기 시작했고, 전국적인 독립운동을 전개하는 시발점이 되었다. 임시 정부 형태로 운영된 알제리 민족해방전선(FLN: Front de Liberation Nationale)은 대 프랑스 독립전쟁을 지휘하는 중추로, 프랑스에 대항했던 지역 조직들을 모아 세력화한 연대조직으로 주로 게릴라전으로 활동했다. 이들은 1954년 11월 1일 프랑스군을 대상으로 전국적이고 동시다발적인 게릴라전을 전개하기 시작하여 7년간의 독립전쟁 끝에 프랑스 정부는 1962년 3월 18일자로 종전하고 알제리는 독립한다는 내용의 에비앙 조약을 체결하였다.

❸ 라마단

라마단은 15억 이슬람권의 성월(聖月)이자 단식 월로 전국민이 지키는 행사이다. 각 아랍국가에서는 나라마다 시작일과 종료일을 달리 하는데, 이유는 사회 경제적인 이유도 있지만 달의 모양을 중요시 하는 만큼 종교부에서 행사 전날 밤 초승달의 모양을 관측하여 시작과 종료 시간을 알린다. 라마단은 이슬람력의 9번째 달로 양력 기준 매년 약 11일 정도 앞당겨진다. 특히 라마단 기간이 여름일 경우 해가 떠 있는 시간도 늘어남에 따라 금식이 길어진다.

아슬람은 금식을 통하여 이슬람의 가르침을 이해하고 배고픔의 고통에 동참하며 어려운 이웃을 생각하는 기회로 삼는다. 한 달 동안 이어지는 라마단 기간에는 해가 뜰 때부터 지는 순간까지, 물을 포함한 어떠한 음식도 먹지 않으며 금식을 이행한다. 라마단 기간 중 이슬람교도들이 지켜야 할 이슬람 5대 의무는 라마단을 준수하는 것 외에도 신앙맹세, 기도 준수, 메카방문, 헌금(1년 수입의 2.5%)을 하도록 권하고 있다. 현지 거주 외국인의 경우 보이는 장소에서 음료수를 마시거나 흡연을 하는 모습은 보이지 않는 것이 바람직하고 어린이, 노약자, 임산부 등 약자는 단식 의무가 부과되지 않는다.

라마단 기간에는 대부분의 관공서, 식료품가게, 식당, 상점들이 문을 일찍 닫거나 휴무하는 경우가 많다. 피로와 단식의 어려움을 감안하여 대부분 기업체 및 공공기관은 근무시간을 오후 2시 또는 3시까지로 단축하고 현지인을 고용한 외국 기업들도 대부분 단축 근무를 허락한다. 따라서 라마단 기간에 업무차 방문을 원하는 경우 오후 시간은 되도록 피하는 것이 좋고 낮 시간에 미팅이 있는 경우라도 식당에 가는 것이나 음식, 음료를 권하는 행동은 자제해야 한다.

❹ 희생제축제(AID EL ADHA)

아이드(AID)는 아랍어로 '축제'를 의미하며, 아드하(ADHA)는 '희생'을 뜻하는 것으로 '희생제 축제'라는 정도로 번역할 수 있을 것이다. 아이드의 기원은, 하나님이 아브라함(Abraham)의 믿음을 시험하기 위해 하나 밖에 없는 아들을 제물로 바치게 하였으나 그가 아들을 죽이기 전에 현장에 마련한 양을 제물로 바치라고 교시한 데서 비롯되었다고 한다. 희생제는 이슬람권의 가장 큰 종교행사로, 규모면에서 한국의 추석에 버금가는 큰 명절이다.

연중 두 번의 아이드가 있는데, 첫째는 금식월인 라마단이 끝난 후에 아이드(AID EL FITR)가 있고, 라마단 종료 100일째 되는 이슬람 월력 상 12월 10일부터 11일까지 이틀 간 아이드(AID EL ADHA)가 있다. 양을 제물로 바치는 의식은 두 번째 아이드에만 있다. 아이드는 축제 1주일 전부터 준비된다. 살아 있는 양을 사서 아이들이 집 주변에서 데리고 놀도록 하고, 어른들은 양을 잡을 도구들을 준비하면서 각종 음식 재료들을 장만한다. 당일 날은 사원(mosque)에 모여 신께 예배를 본 후 각자 집으로 돌아가 희생제 행사를 치른다. 단독 주택을 보유한 사람들은 집안 마당에서, 아파트에 사는 사람들은 대개 도로변(빗물받이)에서 양을 죽인다. 이를 처음 보는 사람들에게는 혐오스런 풍경이기도 하다. 양을 죽일 때는, 먼저 양의 네 다리를 사우디 메카 방향으로 향하도록 눕히고 의식을 집행하는 사람도 메카 방향을 바라보면서 신에게 기도문을 낭독한 후 양의 목

부분을 예리한 칼로 찔러 피를 빼내어 고통 없이 죽도록 한다. 양고기는 대략 3
등분하여 1/3은 가족이 먹고 나머지 2/3는 가난한 이들에게 나누어 주는 것이
관습이다.

3. 알제리 역사

▌ 알제리 주요연표

~ -7500년	선사시대
-7500년 ~ -2000년	원사시대/키스피 문명
-1250년 ~ 250년	고대
-25년 ~ 647년	유럽 첫 식민지화
-25년 ~ 430년	로마 점령
477년 ~ 533년	반달 지배
534년 ~ 647년	비잔틴 지배
647년 ~ 776년	알제리의 이슬람화
743년 ~ 776년	베르베르의 저항
776년 ~ 1512년	베르베르의 이슬람교(회교) 왕조
1515년 ~ 1830년	알제리의 섭정(구체제)
1515년 ~ 1587년	베이레베이스(berlerbeys): 군 상급장교
1587년 ~ 1659년	파샤(pachas): 군 사령관
1659년 ~ 1671년	아가(aghas): 군 사령관
1671년 ~ 1830년	데이(deys): 태수
1830년 ~ 1962년	프랑스 식민지화
1830년 ~ 1916년	프랑스의 알제리 침략
1954년 ~ 1962년	알제리의 독립전쟁
1962년 ~	알제리민주인민공화국
1962년 ~ 1989년	유일정당 체제
1989년 ~ 1999년	내전

1) 알제리 지배기

알제리는 지리적 요건으로 기원전인 고대시대부터 무역의 요충지로 자리
잡으면서, 2세기 이후부터 15세기까지 당시 상대국이었던 로마·아랍·스페인·
터키 등의 침략을 받았다. 알제리에 처음부터 살던 원주민, 베르베르 민족은 알
제리 영토를 포함한 북아프리카 지역에 자리잡고 있었다. 베르베르 민족은 기원

전 1세기경 짧은 통일왕국시기를 경험하였으나, 다양한 외부 세력으로부터 정복되어 해안지대에 무역거점을 형성하기 시작하면서 이들에게 혼혈 또는 동화되었고 현재 베르베르어를 사용하는 지역은 일부 산간이나 사막의 외곽지역에 밀집되어 있다. 이들은 다양한 명칭으로 이집트나 그리스 역사서에 등장하는 등 주로 유목생활을 하였다.

이슬람 제국의 아랍 원정군은 647년과 661년 그리고 670년 세 차례 시도 끝에 마그레브 지역 카르타고 진출에 성공한다. 7세기 말에는 이슬람 최초의 통일 세습왕조인 옴미야드 왕조가 마그레브 지역에 대한 확고한 지배권을 확립하면서 원주민 사이에 이슬람 종교가 급속도로 확산되었다. 8세기 말에는 옴미야드 왕조가 멸망하면서 이슬람 제국은 분열되고 지방권도 붕괴되었다. 그러면서 아랍 왕조와 베르베르 왕조가 혼재되었다. 14세기부터 터키 공화국이 수립되기까지 터키의 오스만 투르크 제국은 이슬람 세계에서 세력을 확대해 나갔다. 셀림 1세 (Selim, 1512~1520) 재위기인 1515년에는 지금의 모로코-알제리 국경선까지 지배권을 확보하여, 현 알제리 수도 알제에 섭정부를 설치하여 300여 년간 오스만 투르크 제국의 지배하에 있었다. 알제 섭정부는 그 관할지를 동부, 서부, 중부로 분할하여 통치하였다. 이로써 오스만 제국은 이슬람의 실질적인 지배자가 되면서 종교와 정치의 통치자가 되었다.

2) 프랑스 식민지배기

프랑스의 알제리 정복시기는 1830년에서 1870년으로 샤를(Charles) 10세가 재위하던 1830년, 나폴레옹 전쟁 이후 부르봉 왕가가 복권되면서 프랑스 왕조의 권위를 유지하고 정정불안을 해소하기 위해 알제리 진출을 시작하였다. 1830년대에는 프랑스가 오스만 제국의 지배하에 있던 알제리를 침략하여 합병하고 그 영향력을 강화하였다. 그리고 1848년에 투르크 제국과 공식적으로 병합하여 오랑, 알제, 콘스탄틴의 3개 도를 설치해 본국 행정구역에 편입하였다. 터키는 프랑스에 패한 후 알제리를 떠났으나, 오랑에서의 에미르 압델 카데르 (Emir Abdel-Kader)의 투항은 한동안 지속되어 해안 지역 이외에 동부 산악지인 카빌 지역의 정복은 1852년에야 완성되었다.

1870년부터 1954년까지는 프랑스의 강압정책에 의해 식민지배가 본격화 되었다. 프랑스가 보불전쟁에서 패한 것을 계기로 영토상실에 대한 타개책을 모색하던 프랑스 제3공화국 정부는 식민작업을 본격화하고 토착세력의 봉기를 구실로 삼아 토지를 몰수하고 유럽계 이민자들에게 토지를 팔아넘긴다. 이로 인해 당시 알제리 내 유럽계 이민자 수는 1872년 245,000명에서 1914년 750,000명으로 약 3배 가량 급등하였다. 프랑스의 대 알제리 프랑스화 작업은 다방면에서 꾸준히 진행되었고 제2차 세계대전, 인도차이나 전쟁에서 알제리 병사들을 차출하여 강제 징병시키고 각종 권리에 있어 차별적 대우를 하였다.

3) 알제리 현대사

❶ 알제리 독립전쟁

1954년부터 1962년은 알제리 독립전쟁 기간이었다. 제1차 세계대전 이후 프랑스 식민지배가 시작된 1837~1847년까지 만들어진 알제리 전민족 민장봉기를 변형하여 1928년 민족지도자 메살리 하지(Messali Hadj)가 지금의 알제리 국기를 만들었다. 제2차 세계대전 종전 이후에는 알제리 독립을 위한 각종 지하조직이 생겨나기 시작하였다. 특히, 프랑스 군에 징집되어 제2차 세계대전을 치른 경험이 있던 알제리인들은 고국 독립전쟁을 체계적으로 이끄는 데 큰 기여를 하였다. 아메드 벤 벨라(Ahmed Ben Bella)를 포함한 6명의 리더들을 중심으로 1954년 11월 1일 튀니지 수도 튀니스에서 결성한 민족해방전선(FLN/Front de Liberation Nationale) 주도하에 산발적이던 독립운동을 전략적으로 전개하기 시작하였다. 혁명군에는 민족해방전선(FLN/Front de Libération Nationale), 국민해방군(ALN/Armée de Libération Nationale), 알제리국민운동(Mouvement National Algérien), 기동헌병대(Compagnies Républicaines de Sécurité) 등이 참여하여 게릴라전을 펼쳤다.

알제리 전쟁의 여파로 프랑스에서는 제4공화국이 무너지고 드골(Charles de Gaulle) 대통령이 집권하는 제5공화국이 1958년 출범하였다. 알제리의 지속적인 독립운동으로 프랑스는 알제리를 인정하고 휴전협정을 체결하여 1962년 7월 5일 독립을 인정하였다. 알제리측 추산에 따르면, 이 당시 독립 전쟁과정에서 150만명의 알제리인이 희생되었으며, 주요 기관 시설들이 파괴되는 등 엄청난 인적, 물적 피해가 발생하였다. 130년간의 프랑스 식민잔재를 청산하고 근대 국가의 기틀을 마련하는 과정에서 이슬람 근본주의 세력, 사회주의 세력, 베르베르 원주민 세력 간의 갈등을 겪어 왔다.

❷ 알제리 독립 후

1963년 9월에는 독립운동을 주도한 민족해방전선(FLN/Front de Liberation Nationale)을 단일정당으로 하는 제헌 헌법을 발의하였다. 주요 내용은 대규모 토지개혁을 실시, 국영농장 설립, 정부의 해외무역 독점 등이었다. 이 당시 대통령 중심제를 도입하여 벤 벨라 총리를 알제리 1대 대통령으로 선출하여 독재정치와 폐쇄적인 회교 사회주의노선을 단행하였다.

하지만 1965년 9월에는 독립전쟁의 군 총사령관이던 부메디엔(Houari Boumedienne)은 쿠데타로 이슬람교를 국교로 채택하는 동시에 국가전반에 걸쳐 사회주의체제를 공고히 하는 등 헌법 개정 후 2대 대통령에 당선된다.

이후 부메디엔의 죽음으로 1979년 샤들리 국방장관이 유일정당의 단일 후보로 나오면서 3대 대통령으로 당선된다. 1986년 유가 하락으로 경제적 타격, 인플레이션, 실업난에 따른 반정부 시위가 격화되는 등 국민의 불만이 터져 나오면서 사회주의 노선을 폐지하고, 당정분리와 정치적 성격을 가진 단체의 결성을 허용하였다. 이후 3권(입법·행정·사법) 분립 강화, 헌법위원회 기능 강화를 골자로 한 국민헌장을 개정한다. 기본 이상은 지키되, 실용적 노선 채택과 제한된 개방의 기반을 만든 것이다. 샤들리 정권은 1989년 결성된 이슬람 근본주의 정당인 구국이슬람전선(FIS/Front Islamique du Salut)을 통해 도시 빈민과 청년층의 높은 지지를 받았다.

하지만 1992년 선거에서도 구국이슬람전선(FIS/Front Islamique du Salut)의 압승이 예상되자 네자르(Nezzar) 장군 주도의 쿠데타로 샤들리 대통령을 축출하고, 모하메드 부디아프(Mohamed Boudiaf)가 집권하였다. 군부가 구국이슬람전선을 불법화시키고 1만여 명의 반체제 인사를 투옥하자 이슬람 세력의 대응으로 내전이 발생하였고, 내전중 모하메드 부디아프 대통령이 암살당했다.

이후 1995년 8월 장성출신 제루알(Lamine Zeroual)은 선거에서 61%의 표를 획득하고 독립 후 최초의 다당제 대통령으로 당선되었다. 개혁과정으로 정당설립이 자유로워지고 다수 신생 정당들이 생겨나면서 각 세력간 정치적 대결구도 등으로 인해 사회적 혼란과 시위, 테러, 내전 등으로 체제 불안을 겪으면서 제루알 대통령은 대국민소통(Dialogue national)을 내세우면서 헌법 개정을 실시하였으나, 1998년 9월 군부와의 갈등으로 사임하였다.

❸ 부테플리카 집권기

1999년 4월 대선에서 무소속 부테플리카(A. Bouteflika) 후보는 군부의 지원을 받아 대통령에 당선되었다. 부테프리카 대통령은 이슬람 원리주의 세력의 사면을 주요내용으로 하는 «국민화합법안(Concorde civile)»을 채택하여 자수한 테러행위 가담자(1999년 11월, 3,000명)를 사면하는 등 내전 수습을 위한 국민화합 정책을 통해 경제 발전을 도모하였다. 2002년에는 내전 중 피해를 입은 소수 베르베르 민족을 도와주었고 불안한 치안회복, 사법 및 교육 제도의 개혁, 시장경제 체제로 가기 위한 경제개혁 등을 적극적으로 추진하였다. 2004년 4월에는 부테플리카(A. Bouteflika) 대통령이 83.5%의 지지율로 재선되어 안보확립, 국가안정, 국민화합, 평화정착, 경제개발 등 5대 국정 과제를 수립하고 이를 적극적으로 추진하였다. 대통령의 군 통치권한을 일부 국방부장관에게 이양하고 사회 불안 요소였던 테러에 대해 2005년 7월 치안인력을 1만여 명 확대하여 대테러 작전을 강화하는 동시에 자수하지 않은 테러행위 가담자에 대해 2차 사면(안)하는 등 양면정책을 구사하여 국민화합에 전력하였다. 그러나 알제리 정부의 테러종식을 공식선언에도 불구하고 수도 외곽에서 크고 작은 테러사건이 끊이지 않았다. 2007년 12월에는 수도 알제에 위치한 대법원 앞에서 발생한 대규모 폭탄테러를 비롯하여 아직도 동부 카빌리 지역과 사막지역을 중심으로 테러공격이 엄존하는 것이 현실이다. 이 때문에 거리에 검문검색대가 많아지고 모든 공공기관 앞에는 보호시설을 확충하고 주정차가 불가하게 되었다. 부테플리카(A. Bouteflika) 대통령은 2008년 11월 12일, 재선까지만 허용되던 기존 헌법을 개헌하여, 대통령 연임 제한 철폐 헌법 개정안을 통과시키면서 2009년 4월, 3선에 출마하여 압승한다. 정권 말기에는 뇌출혈로 쓰러지면서 8개월간 프랑스에서 입원치료를 받으면서 국정운영에 차질을 빚었다. 언론의 우려에도 그는 여당 지지를 등에 업고 4선 후보로 출마하여 2014년 4월, 압도적인 표차로 대통령으로 재당선되었다. 하지만 2016년 의회에서 대통령 임기 관련 재선까지만 허용하는 법안을 통과시키면서 고령(80세/1937년 3월 2일생)의 부테플리카 대통령 정권도 막을 내릴 것으로 보인다.

4. 정치 및 행정

독립일	1962. 7. 5. (프랑스)
정부형태	인민공화제(임기 5년 대통령중심제)
대통령	부테플리카(Abdelaziz Bouteflika, 2014.04.28 4선 당선) -국가원수로서 대권 행사 * 전쟁시 헌법 효력 정지, 상원의원 1/3 임명, 대통령 칙령을 통한 입법 등 -권한: 국군통수, 총리 및 각료 임면, 대통령령 제정, 긴급명령권, 하원해산권 등
총리	-법행정의 집행감독, 대통령 재가 후 행정명령 서명 및 국가 주요공직 임명
각료	부처 장관, 총무장관
의회	양원제 -하원 462석(임기 5년) * 정당명부 비례대표제로 선출 * 권한: 입법권, 조약비준권, 내각해산권 등 -상원 144석(임기 6년, 매 3년마다 1/2 교체) * 96명은 48개 도에서 각각 2명씩 간선, 48명은 대통령이 임명 * 권한: 하원과 대동소이(하원 가결 법률안은 상원 3/4 찬성으로 확정)
주요정당	민족해방전선(FLN), 국민민주당(RND), 평화운동당(MSP), 노동자동맹(PT), 문화민주당(RCD), 알제리국민전선(FNA), 이슬람사회평화운동(MSP) 등
사법부	-대법원: 일반 재판소로서 하위 각급 법원을 관장 -행정법원: 국가행정 관련 사안 담당 -권한쟁의 법원: 대법원과 행정, 법원간 권한, 쟁의만 관할
국제기구가입	IAEA, IBRD, ILO, IMF, OPEC, UN, WHO, WIPO 등
군사력	약 396,000명(육군 320,000명, 해군 22,000명, 공군 54,000명)

자료: 한국수출입은행, 해외경제연구소, 코트라 글로벌 윈도우, 대통령궁 http://www.el-mouradia.dz 등

1) 정치체제

대통령 후보가 되기 위해서는 이슬람교를 믿는 40세 이상의 알제리 국적 소지자여야 대통령 피선거권을 보유할 수 있다. 대통령 당선은 선거로 절대다수 유효 표를 얻은 후보가 대통령으로 당선된다. 또한 2008년 개정된 헌법에 따라 임기 5년에 연임이 가능하다. 주요 대통령 권한으로는 정부요직 임명, 정부수반 임면, 일반사면, 하원 해산권, 국군통수, 긴급명령권(의회 휴회기 중), 외교정책, 국제조약 체결, 등이다. 대통령의 특별 사정이나 사고 시에는 국가평의회 의장(상원 의장)이 권한을 대행하여 60일 내 대통령 선거를 실시한다. 또한 대통령이 심각한 건강문제 등으로 직무 수행이 불가 시, 하원의원 2/3 이상의 동의로 상원의장이 45일간 대통령 권한대행이 가능하다.

알제리 각료명단(2017.09)	

	부처	성명
1	국무총리	Ahmed Ouyahia
2	국토개발·지방자치단체·내무부 장관	Nouredine Bedoui
3	국방부 부장관	Ahmed Gaïd Salah
4	외교부 장관	Abdelkader Messahel
5	법무부 장관	Tayeb Louh
6	재무부 장관	Abderrahmane Raouia
7	에너지부 장관	Mustapha Guitouni
8	산업광물부 장관	Youcef Yousfi
9	농업·농촌개발·어업부 장관	Abdelkader Bouazgui
10	보훈부 장관	Tayeb Zitouni
11	종교부 장관	Mohamed Aïssa
12	통상부 장관	Mohamed Benmeradi
13	수자원부 장관	Hocine Necib
14	공공사업 교통부 장관	Abdelghani Zaalane
15	주택도시계발부 장관	Abdelwahid Temmar
16	교육부 장관	Nouria Benghebrit
17	고등교육·과학연구부 장관	Tahar Hadjar
18	직업훈련부 장관	Mohamed Mebarki
19	노동 복지부	Mourad Zemali
20	문화부 장관	Azzedine Mihoubi
21	국민연대·가족·여성부 장관	Ghania Eddalia
22	의회관계부 장관	Tahar Khaoua
23	보건·의료개혁부 장관	Mokhtar Hazbellaoui
24	청소년·체육부 장관	El Hadi Ould Ali
25	체신정보통신기술부 장관	Houda Iman Feraoun
26	관광·수공예부 장관	Hacène Mermouri
27	통신부	Djamel Kaouane
28	환경·신재생에너지부	Fatma Zohra Zerouati
29	총무장관	Ahmed Noui

자료: 알제리 대통령궁 http://www.el-mouradia.dz, 총리실 홈페이지http://www.premier-ministre.gov.dz 등

　　알제리 헌법은 대통령 중심제와 중앙집권체제를 채용하고 있으며, 입법부, 행정부, 사법부의 3권 분립 체제를 표면적으로 지향한 동시에 대통령의 대권을 헌법으로 명시하여 3권을 통합, 국가원수의 권한과 역할을 강조한다. 복수정당제 아래에서 하원 총선, 지방의원과 상원의원의 선출을 통해 각급의회를 구안한

다. 근래 알제리 의회는 2016년 법안을 통해 이중국적자들에 대한 공직 생활을 금하고 있어 프랑스 국적을 함께 갖고 있는 사람들로부터 거센 반발을 받기도 하였다.

2) 행정부(중앙정부조직)

알제리 헌법(제79조)에서는 대통령에게 내각을 구성하도록 권리를 보장한다. 이에 대통령은 국무총리를 비롯한 각 부처의 장을 임명한다. 알제리 대통령궁(www.el-mouradia.dz)과 현지 주요일간지에 따르면, 2014년 5월 5일 부테플리카 대통령은 국정 운영을 위해 정부의 주요 내각 구성을 단행하여, 총리 1명, 부처 장관 30명, 담당장관 3명, 총무장관 1명으로 총 34명의 장관급 각료를 임명했다. 2015년 5월 14일에는 소폭 개각을 통해 다시 일부 인사를 변경하였고 2017년 5월 25일에는 당초 예상과 다르게 셀랄(Sellal) 총리를 전격 교체, 신임 총리에 압델마지드 테분(Abdelmadjid Tebboune) 및 일부 인사의 교체를 단행하였다. 하지만 근래 테분(Abdelmadjid Tebboune) 총리와 하다드(Haddad) 알제리 기업인협회장간 불협으로 정-재계간 갈등 고조에 대하여 부테플리카(Bouteflika) 대통령은 총리의 행동을 "국가적으로 중요한 기업인들을 괴롭히는" 행위로 단정하고 알제리 이미지 훼손에 격노하였으며, 프랑스로 휴가 중 사전 예정 없이 프랑스 총리와 비공식 회담을 가진 것에 유감을 표출하였다. 결국 2017년 8월 15일 헌법 91조 5항에 의거 부테플리카(Bouteflika) 대통령은 테분(Abdelmadjid Tebboune) 총리를 전격 해임하고 전임 총리였던 우야히야(Ahmed Ouyahia)를 선임하는 등 불안한 정세를 이어가고 있다. 각 부처 및 현직에 있는 장관급 각료들은 국무총리실 홈페이지(www.premier-ministre.gov.dz)에서도 확인이 가능하다.

3) 지방행정조직

알제리의 지방행정조직은 광역행정구역과 특별행정구역으로 나뉜다. 광역행정구역은 48개의 시·도(윌라야 wilaya), 중간 행정구역은 227개의 구, 군(다이라 Daira) 그리고 기초 행정구역은 1,541개의 읍·면·동(Commune)으로 구성되어 있다. 각 지방행정은 독자적 재정권 보유가 법령상 명시되었으나, 지방행정의 수장이 중앙으로부터 앉혀지기에 지방분권화는 현실적으로 미미하고 약한 편이다. 그 외 서울특별시와 같이 수도 알제와 남부 일부 지역이 특별 행정조직

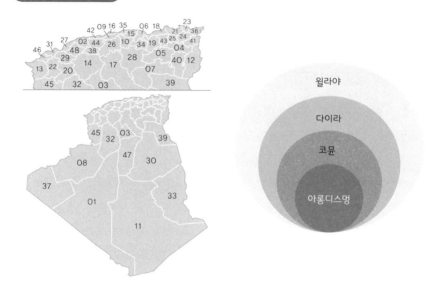

알제리 행정구역

으로 구성되며, 알제시는 세부 행정구역(Arrondissement)으로 나누어지기도 한다.

알제시(市)의 각 구(Arrondissement)에서 선출된 구의원은 수도 알제의 시의
회를 구성한다.

▌ 알제리 행정구역(윌라야)

1. 아드라르 주	11. 타만라세트	21. 스킥다	31. 오랑	41. 수크아라스
2. 슐레프	12. 테베사	22. 시디벨압베스	32. 엘바야드	42. 티파자
3. 라구아트	13. 틀렘센	23. 안나바	33. 일리지	43. 밀라
4. 움엘부아기	14. 티아레트	24. 겔마	34. 보르즈부아레리즈	44. 아인데플라
5. 바트나	15. 티지우주	25. 콩스탕틴	35. 부메르데스	45. 나마
6. 베자이아	16. 알제	26. 메데아	36. 엘타르프	46. 아인테무셴트
7. 비스크라	17. 젤파	27. 모스타가넴	37. 틴두프	47. 가르다이아
8. 베샤르	18. 지젤	28. 음실라	38. 티셈실트	48. 렐라잔
9. 블리다	19. 세티프	29. 마스카라	39. 엘웨드	
10. 부이라	20. 사이다	30. 우아르글라	40. 켄셸라	

4) 사법부(알제리 법체제)

알제리의 헌법상 권력체계는 이원정부제를 취하고 있는 프랑스와 유사하
다. 한국법제연구원에서 작성한 『세계각국의 헌법체제 및 개별법체계』에 따르

면 알제리 헌법체계 중 집행권은 대통령과 국무총리로 이원화되며 국민으로부터 직선된다. 입법권은 양원제로 상원의 국가위원회와 하원의 국가인민의회로 구성되어 프랑스의 제5공화국 헌법과 흡사하게 법률을 입제할 수 있는 영역이 명기되어 있다.

　사법체계 역시 프랑스와 상당히 유사하여, 알제리의 사법 제도는 민·형사 사건의 최종심인의 대법원과 행정법원의 활동을 조정하는 국사원(고등행정재판소)으로 이루어져 있다. 대법원과 국사원의 관리권을 조절하는 분쟁재판소를 설치하고 있으며, 법관의 지명을 포함한 인사이동 등 사법부의 주요 인사권을 행사하는 최고사법관회의를 대통령이 주재하는 것이 특징이다. 알제리에는 대법원 1개, 법원 48개, 재판소 210개가 있다.

5. 알제리 경제

❚ 주요 경제지표

GDP	미화 1,588억불(USD)
실질GDP성장률	3.1%
1인당 GDP	미화 14,721불(USD)(PPP기준)
실업률	11.4%
소비자물가상승률	6.7%
화폐단위	DZD 혹은 DA로 표기(Algerian Dinar)
환율	US$ 1 = DZD 109
외환보유고	미화 1,152억 400만불(USD)
총 외채	미화 58억 4,200만불(USD)
주요 자원	원유(생산량 120만 3,000배럴/일, 매장량 122억 배럴) 천연가스(생산량 796억 4,700만㎥, 매장량 4조 5,040억㎥) * 자료원: OPEC, 2014년 통계 철광석(생산량 156만 톤, 매장량 35억 7,200만 톤) 인광석(생산량 125만 1,000톤, 매장량 2억 2,000만 톤) * 자료원: U.S. Geological Survey Minerals Yearbook, 2014년
산업구조	채굴산업 비중 36%, 농업부문 9.7%(이상 1차 산업), 전기, 가스, 수도 산업(0.8)% 이외 제조업 4%, 건설이 9.6%(이상 2차 산업), 서비스산업 20.8%, 공공서비스 18.1%(이상 3차 산업), 기타 서비스 1.0% 차지(2012년 GDP 기준, african-economic-outlook)
교역규모	수출 294억 2,000만 달러(원유·가스류가 총 수출액의 98%) 수입 474억 8,000만 달러

자료: EIU Country Report, 코트라 글로벌윈도우 등 (2016.11)

▌ 알제리 무역수지(수출·수입)

구분	2012	2013	2014	2015(추정)	2016(예상)	2017(예상)
무역수지(백만 달러, FOB)	20,167	9,727	460	-17,292	-18,058	-13,868
상품수출(백만 달러, FOB)	71,736	64,714	60,130	34,196	29,423	35,943
상품수입(백만 달러, FOB)	-51,569	-54,987	-59,670	-51,488	-47,481	-49,811
서비스수지(백만 달러)	-7,006	-6,999	-8,159	-6,941	-7,052	-7,124
이전수지(백만 달러)	3,163	2,792	3,220	2,560	2,472	2,675
외환보유고(백만 달러)	191,597	195,013	179,901	144,948	115,204	98,816
대외채무(백만 달러) *External debt stocks	5,495	5,231	5,453	5,164	5,842	8,674

자료: EIU Country Report, 코트라 글로벌윈도우 등 (2016.11)

1) 경제체제

알제리는 범세계적인 사회주의 붕괴와 경제 불황으로 인한 대규모 소요사태를 계기로 독립 후 고수해오던 사회주의 체제의 헌법을 개정하여 시장경제 체제로 전환 및 대외개방 정책을 받아들였다. 1961년 비동맹회의와 1962년 국제연합(UN)에 가입하고 아랍연맹(Arab League), 아프리카연합기구(OAU), 석유수출국기구(OPEC) 등 많은 국제기구에 진출하면서 폭넓은 대외활동을 하고 있다. 1990년대에는 이슬람 근본주의 세력과 군부정권과의 내전 등으로 정치혼란은 경제체제 전환과 발전에 방해 요소로 작용하였으나, 1994년부터 4년간 IMF의 도움을 통하여 제도, 법령 및 공기업 민영화 등 지속적인 경제개혁을 추진하였다. 특히 미국과 인근 유럽국(프랑스, 스페인, 터키 등)을 비롯한 서구 선진국과의 경제적·외교적 협력을 강화하는 등 이념보다는 실리를 추구하는 실용주의 경제정책 노선을 취하고 있다. 알제리는 유럽연합(EU)과 협력협정(2005년 9월) 체결로 점진적인 관세인하 추진을 통해 대외교역 환경이 개선되고 있으며, 무관세를 목표로 자유무역지대화를 추진 중이다.

알제리는 세계 12위와 아프리카 3위의 원유생산국으로 석유가스 산업이 경제의 견인차 역할을 하고 있다. 석유수출국기구(OPEC) 회원국으로 알제리는 국제석유 시장에서 유가 결정 및 원유 수급에 직간접적으로 많은 영향을 미치고 있다. 알제리가 석유수출국기구(OPEC)의 의장국을 맡을 당시, 국제석유시장에서 고유가 구조를 지지하는 정책을 추진하면서 알제리를 비롯한 회원국들이 막대한 오일달러를 축적하는 데 기여하였다. 또한, 미국발 금융위기 이후 유발된 국

제유가 하락세에 대응하기 위해 2008년 10월 24일 석유수출국기구(OPEC) 회원
국 11개국에 배정된 28,880천 배럴의 원유 생산 쿼터 가운데 1,500천 배럴을 감
산하기로 결정하기도 하였다. 현지 2015.01.19일자 일간지 『엘 와탄(El Watan)』
에 따르면, OPEC에서는 2013년말부터 이어져온 원유 수요 급감, 석유시장 공
급포화, 달러 평가절상 등 지속되는 유가하락 요인으로 알제리산 원유(Sahara
Blend)의 평균 가격이 2015년 47% 하락하였고 이는 12년 만에 최저치라고 보도
되었다. 알제리는 석유의 수요와 공급 감소와 에너지 산업에 지나친 편중에 따
른 산업불균형을 해결하기 위한 포스트 오일(Post-oil) 시기를 준비하기 위하여
다양한 산업 구조재편 정책을 강력히 추진 중이다.

지난 2014년 8월 5일 미-아프리카 정상회담에서 알제리 총리와 미국 통
상부장관간 세계무역기구(WTO) 가입절차 및 조건을 논의하는 등 가입을 추진
중이다. 알제리는 유럽과 아프리카 그리고 중동을 연결하는 지정학적으로 중요
한 위치에 있으며, 산업다변화 정책으로 투자수요 증가 등 무역 요충지로서의
가치가 점차 높아지고 있다. 그 외 풍부한 자원을 바탕으로 각종 인프라 구축
사업을 발주하는 등 전반적으로 성장하고 있다.

알제리 상공회의소(CACI/Chambre Algerienne de Commerce et d'Industrie)는
정부가 2016년 투자 유치 및 활성화 방안이 담긴 재정법을 통해 생산적인 투자
및 경제 발전을 기대할 것으로 전망하였으나 유가하락에 따른 무역적자 심화로
정부가 수입량을 조정하고 있는 실정이다. 2016.04.20일자 『엘 와탄(El Watan)』
일간지에 따르면 알제리 통계청은 2016년 1분기 수출규모는 59.14억불(USD)에
달한다고 발표하였다. 이는 전년 대비 39.65% 하락한 수치로 지속적인 관찰이
필요시 된다.

2) 알제리 금융

❶ 이슬람금융의 체감

이슬람의 경제개념을 이야기할 때 자주 등장하는 예는 "하늘과 땅의 보물
은 알라(신)의 것이다"(코란 63:7), "가진 자의 재산 중에는 못가진 자의 몫도 있
다"(코란 51:19) 등이 언급된다. 모든 부(富)는 알라(신)의 것이고 공정한 분배를
통해 사회적 평등을 실현하고 합법적인 부의 축적을 장려해야 한다는 신념이 금

융에도 내재되어 있다.

이슬람에서는 리바(Riba/이자)를 금한다. 이는 화폐가치에 대한 보상으로 생산적인 곳에 투자되어 발생된 이윤과 구분된다. 코란에는 리바를 금지하는 계시가 등장하고 이자행위를 강력히 비난한다. 모함마드는 '이자를 받는 사람은 간통을 저지르거나 자기 어머니를 겁탈한 파렴치한과 같다'고 표현하기도 하였고, 코란의 제2장 '암소의 장'에 따르면 상업에 의한 이윤은 허락하고 고리대에 의한 이자는 금한다고 한다. 코란은 이자를 지급하고 수렴한 사람뿐만 아니라 증인까지도 위법자로 여긴다. 이자는 성실한 근로를 저해하는 불로소득으로 이득이 정당화될 수 없음을 강조한다. 하지만 알제리에는 많은 외국 금융사들이 진출해 있고 저자도 알제리에서 부이난 신도시 투자법인 계좌를 특이사항 없이 정상적으로 운영하였고 예금 계좌에 대해서는 이자를 받은 경험이 있으니 우려할 사항은 아니다.

많은 알제리인은 부채를 탕감하기 어려울 경우 국가에서 대신 부담해줘야 한다고 생각한다. 재산도 알라(신)에게 위탁받은 것이라 생각하여 저축하고 미래를 대비하는 경우를 보기가 힘들다. 부는 알라의 지도에 따르고 재산은 자연의 하사품과 더불어 모든 사람이 얻을 수 있어야 한다는 신념하에 일부에게 독점되어서는 안 된다는 인식이 강하다. 이와 동등하게 부의 소유권도 사망 후 소멸된다고 믿는 경향이 있다. 하지만 상속권(부의 대물림)을 인정하는 복합적이고 모순적인 정서는 저자에게도 이해하기 어려운 부분 중 하나였다.

❷ 금융의 통제

알제리는 자국민 환전까지 통제하며 적정 환율과 외환보유고 관리에 노력을 기울인다. 하지만 암시장 출현과 제약된 금융 구조로 불법외환거래가 더욱 발생하고 외국 업체들에게는 진입을 막고 일하기 힘든 환경을 조성하는 현실로 돌아온다.

알제리에서 실질적으로 가능한 외환거래는 대부분 수입대금 지급이다. 알제리에서 외환거래가 이루어져도 엄격한 통제와 행정 때문에 쉽지 않다. 일반적인 외환거래를 하기 위해서는 수입품 가격에 상응하는 현지화를 계좌에 예치하고 중앙은행 신고와 승인을 득하면 외화로 환전되어 송금되는 방식이다. 규정에 명시되어 있는 경우를 제외하고 외국 업체라도 알제리 내에서 물품 및 용역의

Invoice는 현지화 납부를 기준으로 하고 있다.

외국인 투자의 지분 양도 또는 청산으로 발생한 이익과 급여는 해외송금이 가능하다. 하지만 비효율적인 은행시스템으로 해외 송금 절차가 1개월을 초과하는 경우가 빈번하고, 송금이 아닌 현금을 직접 반출할 경우 확인된 외화급여 또는 알제리 입국 시 신고된 외화만 반출시켜 줄 정도로 까다롭고 엄격하다. 관료주의적인 알제리의 외한관리제도 이면에는 돈 세탁을 예방하고 현지 자본이동의 관리와 유가 하락에 대비하여 적정 국제수지를 유지 및 관리하고자 하는 의지가 담겨있다.

알제리 중앙은행은 금융제도 수립, 통화정책과 발행, 외환거래 감독, 외환보유액 및 환율관리, 신규 금융기관 설립허가 및 관리감독 등의 다수의 기능을 수행한다. 이외 알제리 국민신용은행(CPA), 알제리 국민은행(BNA), 알제리 개발은행(BAD) 알제리 대외은행(BEA) 등 공공 및 상업 금융기관을 운영하고 있다.

알제리 은행자산의 대부분(95%)을 차지하는 공공 및 상업 금융기관들이 자본력을 통해 현지의 금융산업을 주도하고 있으나, 대부분 상환능력이 부족한 국영기업을 지원하는 데 이용된다. 대출시 신용 평가체계가 미흡하여 금융기관의 건전성 및 수익성이 좋지 못한 편으로, 협력체제의 중요성을 지적하고 정부의 중앙은행 감독기능을 강화하는 제도 도입을 추진하였다. 이런 정부의 금융기관 감독 제도를 통해, 중앙은행은 매달 정부에 외환보유액, 채무관리, 통화정책에 관한 정기 보고를 골자로 하고 있다.

현재 여러 외국계 금융기관들도 알제리에 정착하여 영업중이나, 2004년 5월 중앙은행은 외국은행 최소자본금 기준을 기존의 5억 디나(DA)에서 20억 디나(DA)로 갑작스럽게 상향조정을 요구하는 등 논란에 여지도 있었고 모든 금융기관 및 기업들도 현지 금융 기준과 행정에 부합해야 하기에 폐쇄적이고 느린 업무 시스템에 실질적으로 미약하게나마 어려움을 겪고 있다.

❸ 알제리 통화

알제리 통화는 디나(DZD, DA)로 지폐는 2,000, 1,000, 500, 200, 100단위로 나뉘고 동전은 200, 100, 50, 10, 5, 2, 1단위로 나누어진다. 지폐 중 사람들이 많이 쓰는 200, 500짜리는 대부분 찢어져 있어 상점이나 가게에서 돈으로 받아줄지 의문스러울 정도다. 가게마다 틀리겠지만 지폐의 1/5이 찢어진 것까지는 봐주는 것으로 여겨진다. 서민의 경우 시장에서 장을 볼 때 대부분 1,000단위 이상 지폐를 사용하는 경우가 드물다.

　알제리 환율 정보는 한국 keb 하나은행(www.kebhana.com) 또는 알제리은행(www.bank−of−algeria.dz) 웹 사이트를 통해 어렵지 않게 확인할 수 있다. 하

지만 한국이나 알제리에서 원−디나(DA)를 환전 해주는 곳이 없어 주로 원−달러(USD) 또는 원−유로(Euro) 환전 후 현지에서 디나(DA)로 환전한다.

　알제리에는 아직까지 금융 인프라가 제대로 갖춰져 있지 않아 주요 호텔과 식당을 제외하고는 신용카드 사용이 불가능하고 여행자 수표도 은행에서 취급하지 않기 때문에 유의할 필요가 있다. 몇몇 주

요 도시에 현금지급기가 있지만 모든 카드가 사용가능한 것은 아니며, 그나마 비자(Visa) 카드가 잘 통용되는 편이다.

　알제에는 지점간 금융 정보가 연동되지 않아 동일한 은행이라 해도 계좌를 개설한 지점이 아니면 입출금 거래가 어려운 경우가 많다. 정부는 경제활성화 및 금융권 선진화를 위해 금융제도 정비, 외환암시장단속 등을 추진함으로써 지하경제를 양성화하려 노력중이다. 하지만 이러한 노력에도 불구하고 외국인 입장에서 금융 제도나 인프라는 만족할 수준이 못된다. 아직까지 특정 거리나 상점에서는 단속을 피해 시중 은행보다 높은 환율을 제시하는 암시장이 성행하고 있다 보니 크고 작은 금융 사건들이 일어난다.

　알제리로 수차례 송금해 본 결과, 알제리에서 송금받는 기간만 약 2주가 소요되며, 라마단이나 여름 휴가 성수기 기간과 겹치는 경우 1달까지 걸리기도 한다. 때문에 한국에 전도금을 요청하는 경우 사전에 준비가 필요하다. 또한 통장 개념이 한국과 틀려 수시로 직접 입출금 내역(relevé de compte)을 발급받아 확인해야 한다. 은행들은 당일 출금한 금액을 내역에 포함시키지 않아 익일에 직접들려 계좌 내역서를 발급 받아야 하는 수고스러움이 있다.

알제리 통화 단위로는 디나(DZD, DA)가 공식 화폐로 통용되고 있으며, 외화는 주로 외국인들이나 일부 현지인의 달러나 유로화 환전을 통해 시중에 유통되고 있다. 알제리는 변동 환율제를 채택하고 있으나, 중앙은행에서 환율을 통제하듯 감시하여 급격한 환율 변동은 없는 편이다. 알제리 중앙은행은 디나(DZD, DA)에 대한 주요 외화인 유로(Euro), 달러(USD)화 등 환율을 매일 고시하고 있다. 한편 환율 체제는 외환 통제상 수출입을 조정하기 위해 환시세를 공정시세와 자유변동시세 두 가지로 책정하는 등 이중환율제도를 운영하고 있다.

환전이 필요하다면 알제 국제공항(Houari Boumedine International Airport) 안에 있는 공항 환전소나 알제 시내에 위치한 호텔 프론트(Cashier)에서 환전이 가능하며, 시내 일반 은행에서도 유로, 달러화 등 주요 외화를 환전할 수 있다. 근래 기준환율은 약 $1=110DA 수준이며, 환전 날짜와 장소(환전소, 은행, 호텔)에 따라 환율이 상이하다.

시내 곳곳에 암시장(Black market)이라 불리는 사설환전소에서 불법 환전이 이루어지고 있다. 시세는 지속적으로 변하나, 미달러 매도 시 U$1=180DA 정도이다. 사설환전소에서는 호텔이나 은행보다 좋은 우대 환율을 적용하고 있으나, 알제리 정부의 금융감독이 강화되면서 현지화폐를 외화로 다시 환전할 경우 사유가 필요하며, 불법 사설환전 행위에 대한 단속을 시행 중에 있어 유의할 필요가 있다.

알제리는 금융 산업의 낙후 및 관습상 카드 거래보다는 현금 거래를 선호하나 정부의 금융 정책에 따라 15,000디나(DA) 이상의 거래에 대해서는 현금거래를 자제하고 수표나 계좌이체 등의 거래를 권고하는 제도를 마련하여 시행 중이나 큰 호응을 얻지 못하고 있다.

알제리에서 여행자수표는 중앙은행에서만 교환이 가능하고, 신용카드 사용은 특급호텔 또는 호텔 내 식당 등으로 한정된다. 신용카드를 통한 현지화 또는 외화인출 서비스는 극히 일부 장소를 제외하고는 활용이 어렵다.

3) 한국과의 관계

❶ 북한-알제리 외교관계

알제리는 한국보다도 북한과 더 가까웠다. 대프랑스 독립과정 당시 북한의 많은 지원을 받았고 북한은 1958년 9월 25일부터 알제리 임시정부를 승인하였다. 알제리는 1962년 독립 이후 사회주의 노선을 책택함으로써 북한과의 우호관계는 더욱 특별해지고 냉전 시대에는 우리나라를 기피 대상국가로 설정하고, 반한 입장을 취해왔다. 1963년에는 북한과 수교를 체결하면서 현지에 상주대사관을 개설하였다. 북한과 알제리는 처음부터 외교·군사·문화·경제 분야 등에 대한 긴밀한 유대관계를 유지해 왔으며, 그 결과로 1964년 9월에는 문화협정, 1966년 7월에는 우편물교환 협정, 1970년 7월 25일 우호협회 설립, 1972년 11월 보건 협정, 1974년 5월 과학기술 협정, 1978년 9월 장기무역 협정 등을 체결한 바 있다. 하지만 냉전 종식 이후 알제리는 실용주의적 외교 노선을 유지하면서 한국과의 경제협력을 더욱 중시하는 자세를 취하면서, 실질적인 협력관계가 미미했던 북한과는 1988년 상호 상주공관을 폐쇄하였으나, 근래 알제리에 북한 대사관이 다시 개설되었다.

❷ 한국-알제리 외교관계

알제리는 비동맹 의장국으로서 1973년 석유파동을 계기로 UN을 비롯한 각종 국제무대에서 상당한 영향력을 발휘했다. 이 당시 한국과의 제3세계 비동맹 세력이 국제정치 무대에 본격적으로 등장하면서, 한반도 문제에 대해 북한 입장만 지지함으로써 한국에 상당한 부담 요인으로 작용하였고 같은 해 한국에서는 종전의 할슈타인 원칙(Hallstein Doctrine)을 폐기하면서 알제리와 수교를 추진하였으나, 알제리는 한국의 제안을 거절하였다. 알제리는 1975년에 개최된 제30차 UN 총회에서도 한반도 문제에 대해 공산측안의 공동 제안국으로서 북한의 입장을 지지하여 한반도와 관련된 상반되는 두 개의 결의안을 동시에 통과시키는 역할을 수행하기도 하였다.

1980년대에는 부분적으로 온건·실용 노선 기조로 전환함에 따라, 유엔·비동맹 등 국제무대에서 한국에 대한 공개적인 반대표명을 자제하였다. 이후 양국관계는 체육·경제 분야를 중심으로 알제리 정부 인사들이 방한하여 1985년부

▮ 한-알제리 주요협정

주요협정	발효시기
1997년 4월	경제 및 기술협력에 관한 협정
2000년 8월	문화협정
2001년 9월	투자의 증진 및 보호를 위한 협정
2004년 9월	EDCF 기본협정
2005년 8월	해상운송협정
2006년 8월	이중과세 방지협정
2008년 9월	외교관/관용여권 소지자 사증면제협정
2008년 11월	항공업무협정

해외경제연구소, 한국수출입은행 2012.7

터는 알제리도 우리나라와의 경제협력 및 통상교류를 추진하면서, 소련의 개발
정책과 함께 민주화 및 시장경제 도입에 관심을 갖기 시작하였다.

1990년 1월 15일에는 주UN양국대사의 공식외교 관계를 통한 수교를 체결
하였고, 3월에는 주알제리한국대사관을 설치하였다. 한국과 알제리 양국은 상호
보완적인 사항에 대한 긴밀한 협력관계를 유지하였다. 그 결과로 1997년 4월 경
제과학기술 및 2000년 8월 문화 분야 협력에 관한 협정을 체결하였다. 이후에도
2001년 11월 이중과세방지 협정, 2007년 1월 스포츠교류 협정, 2007년 6월 형
사사범 공조조약을 체결하는 등 양국관계는 지속적으로 발전하였다.

부테플리카(A. Bouteflika) 대통령의 국빈방한이 있은 2003년 12월을 계기로
양국 관계는 제반분야에 대한 협력을 통해 빠르게 발전하였다. 양국수교 이후
2005년 1월 반기문 (전)외교부 장관이 외교부장관으로는 처음으로 양국의 합의
사항 이행점검 등 실질적인 협력방안을 논의하기 위해 알제리를 방문하였다.

그리고 노무현 대통령의 2006년 3월 알제리 방문을 계기를 통해 양국이 전
략적 동반자 관계를 선언하면서 양국의 우호협력관계가 격상되었다. 전략적 파
트너십의 구현을 위해 양국간에 고위급 공동위원회 및 경제협력 TF를 개최하는
등 실질적인 경제협력을 본격적으로 시작하면서 교역 규모 확대를 비롯한 우리
기업의 알제리 신도시 건설사업관련 수주가 급속히 확대되었다. 알제리는 나이
지리아, 남아프리카공화국, 라이베리아 그리고 이집트와 함께 한국의 아프리카
지역 5대 교역상대국으로 부상하였다. 한국의 주요 수출품목으로는 건설 및 플
랜트, 자동차, 건설중장비, 합성수지, 무선전화기 등이 있으며, 주요 수입품목으
로는 원유, LNG, LPG, 석유제춤 등 에너지가 수입의 99.5%를 차지한다.

이후 2008년 2월 출범한 이명박 정부에서도 에너지 자원 중점협력국가로 알제리를 지정하고 기존 알제리와의 협력관계를 더 강화하는 한편, 한국 공연단 및 알제리 정부 장학생 초청을 확대하여 다양한 문화교류정책을 실시하며 양국 간 협력분야의 다변화를 도모하였으나, 이후 국빈 방문은 아직까지 이루어지지 않고 있는 상태이다.

❸ 한-알제리 무역관계

(2016년 6월 기준)

교역 규모	수출: 14억 1,730만불(USD) 수입: 19억 4,809만불(USD)
교역품	수출: 주단강(1억 276만불(USD)), 기타건설중장비(2,907만불(USD)), 자동차부품 (2,021만불(USD)), 화물자동차(1,477만불(USD)), 화학기계(1,476만불(USD)), 불꽃점화식 1,500cc 이하(1,414만불(USD)) 등 수입: LNG(액상천연가스, 5,065만불(USD)), 나프타(4,484만불(USD)), 프로판 (2,248만불(USD)), 사료(9만불(USD))/(MTI, 6단위) 등

자료원: K-stat

한－알제리 교역 주요 상품으로 한국은 자동차 부품, 자동차, 화물차, 건설중장비 등이며, 이는 대알제리 수출의 70%를 차지한다. 그러나 세계 국제유가하락에 따른 알제리 경기침체와 수입규제 강화로 인해 2014년 대비 2015년에는 한 해 동안 우리나라의 대알제리 수출이 40% 급감했다. 이로 인해 알제리에서 우리나라가 수주한 복합화력 발전소 건설에 필요한 전력제품(배전, 제어기, 공기조절기 등)을 제외한 자동차부품, 자동차, 화물차, 건설중장비 등 기존 수출 제품에 대한 대부분의 주요제품의 수출이 크게 감소했다. 2016년 들어 우리나라 대알제리 수출은 4월부터 감소세가 둔화되고 있다.

알제리 주요 자원은 풍부한 석유와 천연가스로, 국토 중 경작지가 적고 임산자원이 풍부한 편이다. 알제리는 석유수출국기구(OPEC) 회원국으로서 원유 매장량 122억 배럴(세계 12위/아프리카 3위), 천연가스 매장량 4.5조㎥(세계 8위/아프리카 2위)의 성장 잠재력이 큰 자원부국이다. 또한 유럽과 아프리카 그리고 중동을 잇는 지리적 요충지로 향후 수출 및 투자의 잠재 가능성이 크다.

한국과 알제리간의 지난 10년간 교역규모를 보면 우리나라의 대알제리 수출은, 2006년 3,906만불(USD)에서 2014년 14억 1,730억불(USD)로 정점을 찍은 후 2015년 세계 국제유가 하락에 따른 경기침체 및 알제리 정부의 수입규제로 인해 우리나라의 대 알제리 수입, 수출이 대폭 감소했다. 2006년부터 2015년 사이, 3년(2011년, 2013년, 2015년)은 전년에 비해 수출이 감소했으나 나머지 해는 증가세를 보였다. 한편 수입은 2006년 5억 7,754만불(USD)에서 2014년 19억 4,809만불(USD)로 최고치를 기록했다. 지난 10년 동안 한국과 알제리간의 교역에서 2014년과 2015년에만 무역수지 적자를 보았다. 핵심 수입 품목은 나프타, 천연가스 및 LPG이며, 한국의 대알제리 주요 수출 품목은 자동차 및 관련품목, 건설 및 건설중장비, 자재, 전력 관련 용품이다.

❹ 한국인 현황 및 상품 인지도

저자가 주재원으로 상주하던 시점에 비해 한국인 체류자 수는 급격하게 늘다. 알제리에는 기존 소수의 교민을 비롯한 한국대사관과 일부 기업만 있었으며, 대부분 수도 알제에 거주하였으나 건설기업 진출이 늘어나면서 건설 및 플랜트 현장에 상주하는 한국인이 급속하게 증가하였다.

1990년대 초 알제리가 테러와 내전 등으로 인해 이른바 '암흑의 10년'에 빠지면서 외국기업이 철수할 당시, 한국의 대우 그룹이 1998년 진출하면서 알제리 경제에 공헌한 것으로 평가되어 현지 소비자의 한국 상품의 인지도가 높은 편이다. 자동차 및 관련, 전기전자 가전, 코스메틱 등의 상품과 건설 기술력은 유럽과 대등한 평가를 받으며 유럽, 터키, 중국 등과 판매 경쟁을 벌이고 있다. 한국의 대 알제리 수출품목은 건설 및 플랜트 외 자동차, 기계류, 전자전기제품(핸드폰, 대형 벽걸이 텔레비전, 냉장고, 세탁기 및 노트북 등) 등이며, 수입품은 석유제품이 주종목이나, 양국간 실질적인 쌍무 관계는 더딘 상황이다.

알제리에서 한국 자동차는 가격대비 품질면에서 인정받아 시내 곳곳에서 어렵지 않게 찾아볼 수가 있고 제품에 대한 만족도도 좋은 것으로 여겨지고 있다. 한국의 전기전자 제품의 경우 저가 수출전략을 추진하는 중국과는 달리 고가제품 중심의 전략을 추진함으로써 제품의 고급화(차별화)를 앞세우고 있다. 한국 대기업 브랜드의 파급효과로 품질과 가격 경쟁력을 앞세운 중소기업의 제품도 터키, 중국산 제품보다 좋은 평가를 받고 있다. 일부 제품의 경우 유럽산 제품보다 우수한 것으로 평가되나 배송과 결제조건 등 물류 시스템에서는 다소 열세에 있다. 알제리는 이미 주변의 EU 및 아랍지역 등과 FTA를 체결하여 장기적으로는 무관세를 추진중이나, 한국은 아직까지 알제리와 FTA 미체결로 가격 경쟁력 면에서 불리한 실정이다. 아울러 유럽 경쟁국들과 지리적인 측면에서도 불리하여 물류비용도 추가로 발생한다.

알제리에서도 방송을 통해 한국 드라마를 방영한 적이 있어 한국인에 대한 좋은 인상을 가지고 있다. 그 외 유명가수 또는 아이돌 가수들을 알고 있고 드라마도 애청하는 현지인도 더러 있으나, 범국민적인 한류 열풍이 감지되지는 않는다. 주알제리대한민국대사관은 한－알제리 수교 25주년을 맞아 2015년 7월 23일 알제리(예선)와 한국(본선)에서 한식요리 대회, 한식 전시회, 시식코너, 미니 콘서트 등을 개최하는 등 한국 문화의 지속적인 홍보를 위해 각종 문화행사와 이벤트를 개최하는 한편, 사업을 수주하여 현지에 진출한 건설업체들의 애로사항을 관련부처에 적극 어필하며 측면 지원하고 있다.

알제리
진출

PART
02

Ⅰ. 알제리 출장 및 방문

1. 알제 기후

　　알제리의 국토는 크게 북부의 연안, 북중부의 고원 그리고 남부의 사막 지역으로 나뉜다. 이 중 국토의 85%가 사막지역이며 10%에 불과한 북부 연안지역에 인구의 90%가 거주한다. 연안지역은 지중해성 기후로 연간 800~1,000mm의 강우량을 보이고 여름 평균기온은 30℃로 서울에 비해 2~3℃가 높고, 겨울은 포근한 편이다. 하지만 체감 온도로 인해 동절기와 하절기에 냉난방을 필요로 한다. 최근 기상이변으로 1월중 알제 시내에 눈이 내리고 봄에 우박이 떨어지기도 한다.

　　2012년 2월 5일 수도 알제에 기록적인 폭설이 내린 적이 있다. 현지 언론에 따르면 15~20cm의 눈이 내리고 폭설로 이날 항공편은 대부분 결항되었고 동사 및 사고로 60명이 숨지고 122명이 부상을 당했다. 한국에서야 눈 내리는 것이 흔한 일이지만 알제리 사람들은 대부분 이를 기상이변이라고 말한다.

(30년 평균)

월	알제리 알제			한국 서울		
	월평균 온도(℃)		평균 강수량 (mm/월)	월평균 온도(℃)		평균 강수량 (mm/월)
	최저	최대		최저	최대	
1월	5.5	16.7	81.4	-6.1	1.6	21.6
2월	5.9	17.4	72.7	-4.1	4.1	23.6
3월	7.1	19.2	55	1.1	10.2	45.8
4월	8.8	20.9	58.4	7.3	17.6	77
5월	12.3	23.9	41.9	12.6	22.8	102.2
6월	16.1	28.2	8.5	17.8	26.9	133.3
7월	18.9	31.2	4.5	21.8	28.8	327.9
8월	19.8	32.2	8.2	22.1	29.5	348
9월	17.6	29.6	28.3	16.7	25.6	137.6
10월	14.2	25.9	58.8	9.8	19.7	49.3
11월	9.8	20.8	89.6	2.9	11.5	53
12월	7.2	17.9	91	-3.4	4.2	24.9

출처: www.wolrdweather.org

연안과 사막의 중간에 위치한 고원
지역은 겨울에 눈이 내리고 얼음이 얼며
여름은 쉐히리(Chehili) 또는 시리(Chili)
라 불리는 건조하고 뜨거운 바람이 남부
에서 아틀라스 산맥을 넘어 북쪽으로 상
승한다. 고원지대와 사하라의 연간 강우
량은 400mm를 넘지 않고 남쪽으로 내
려갈수록 기후는 더 건조해진다. 남부의

• 2012년 폭설 당시 알제 시내 골목길

내륙지역은 사막성 기후로 온도가 매우 높고 인살라(In-Salah) 지역의 경우
50°C까지 올라가기도 하며, 밤에는 10°C 이하로 떨어지기도 한다.

2. 출장시 주의사항

1) 신변안전

알제리도 일부 중동국가와 같이 테러의 위협을 받고 있는 나라이다. 주변
국가 정세는 급변하고 현지 주요 일간지도 수시로 테러 소식을 전하고 있어 방
문 시 주의가 요구된다. 그럼에도 저자가 현지에서 생활해 본 바, 다른 위험지역
과 비교해 볼 때 수도 알제 및 오랑 같은 알제리의 대도시는 상대적으로 안전한
편이라는 인상을 받았다. 2010년 12월 튀니지 민주화 혁명(자스민 혁명) 발생 당
시 이집트, 리비아 등 많은 인근 중동국가로 확산된 것과는 다르게 알제리는 전
국적인 시위 없이 비교적 차분히 위기를 넘긴 것을 실례로 들 수 있다. 이러한
결과는 부테플리카 정권의 노력에 따른 것이라는 의견이 지배적이다.

알제리는 1990년대부터 지속적인 이슬람 원리주의 세력의 테러로 사회 불
안, 대외적 이미지 훼손 그리고 외국인 투자유치 및 자국 경제발전의 걸림돌로
작용해왔다. 이런 상황을 탈피하기 위해 알제리 부페플리카 정부는 2005년 국민
투표를 통해 국민대화합 헌장 법안을 통과시키면서 테러 종식을 공표하였고, 이
를 계기로 대형 인프라 및 플랜트 사업들을 발주하면서 해외 기업들의 관심도
꾸준히 늘었다. 그러나 아직까지 많은 서방국가에서 알제리를 여행 금지국으로
지정하고 있고, 우리 정부도 알제리를 여행제한지역으로 분류하고 있음을 명심
해야 한다. 지방 출장을 시행할 경우 가능한 항공편을 이용하고 한국대사관과

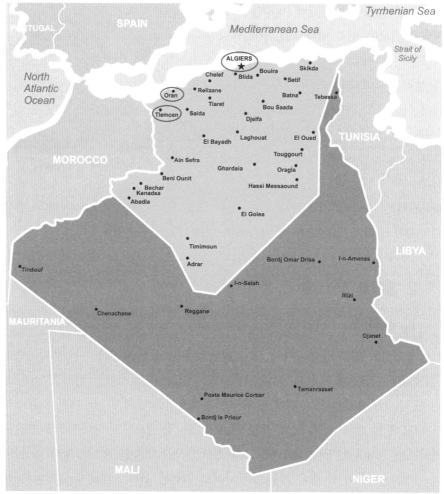

진한색: 방문 비권장 지역(formellement déconseillé)
연한색: 목적없이 방문자제 지역(déconseillé sauf raison impérative)
원 표시: 경계 강화지역(vigilance renforcée)

출처: 프랑스 외교부

지속적으로 연락관계를 유지하는 것이 바람직하다. 육로를 이용할 경우 주간에 현지인 동행 및 에스코트를 신청하고 안전상 심야 외출은 삼가는 것이 좋다.
　　알제리에서 테러 소식은 꾸준히 전해지고 있다. 특히 동부 튀니지와 리비아 국경지대 그리고 남부 사막지역에서 테러 조직의 존재감이 남아있어, 알제리 정부는 국경지대의 검문을 강화하고 있는 실정이다. 알제, 오란 등 대도시에서는 느끼지 못하겠지만, 항상 염두해 두고 유의할 필요가 있다.

2) 출장지양 기간

6월 말~9월 초는 여름휴가철로 대부분 유럽 또는 인근 휴양지로 많이 떠나는 등 현지 공공기관 및 민간기업 담당자 모두 접촉이 어렵다. 그 외 이슬람교도의 전통 금식 기간인 라마단에도 단축 근무로 담당자와 면담을 잡기가 어렵고 점심시간에도 영업하는 식당을 찾기가 쉽지 않아 해당기간 중 출장은 비효율적이다. 특히 라마단 기간은 이슬람력에 의하여 매년 일자가 당겨지는 등 시기가 달라지므로 출장 시 현지 사무소나 발주처와 사전 협의하여 출장 일정을 조율하여 시행할 필요가 있다.

3) 숙박

알제리 숙박업소는 외국인 투숙 시 경찰에 신고의무가 있어 체크인 시 여권 사본을 간직한다. 숙소 인근을 나갈 경우에도 필히 여권을 소지해야 하며 지방을 여행할 때는 의무적으로 군경에 신고 후 에스코트의 동행을 받아야 한다. 남부 주요 유전지역인 하시메사우드(Hassi Messaoud)처럼 보안이 철저한 지역에서 이를 어기고 출입했을 경우 연행되어 까나로운 조사까지 받을 수 있으니 사전에 필히 준비토록 해야 한다.

4) 촬영

알제리는 장기간의 내전으로 사진 촬영에 극도로 민감하다. 외국인은 촬영을 희망할 경우 허가를 득하여야 하나, 관공서, 산업시설 등을 제외하고 관광목적의 기념 촬영은 묵인해준다. 하지만 관공서, 경찰 등 앞에서 촬영할 경우 연행되어 장시간 해명을 해야 할 수도 있으니 아무 곳에서나 사진을 찍는 실수를 범하지 말아야 한다.

3. 알제리 비자 및 대사관 문서 공증

1) 알제리 비자

아직까지 한-알제리 양국간에는 사증 면제 협정이 체결되지 않아 알제리를 방문하려면 비자(visa)를 발급받아야 한다. 단, 관용(official) 또는 외교관

대사관 위치도

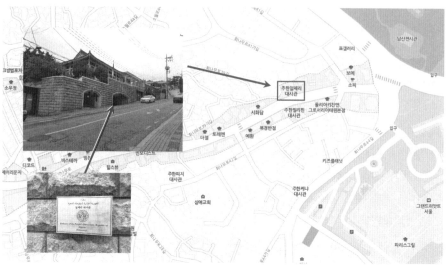

주소: 서울특별시 용산구 회나무로 81 (이태원2동 2-6)

(diplomatic) 여권 소지자의 경우, 무비자로 90일 동안 체류가 가능하다.

주한알제리 대사관의 경우 비자 발급까지는 서류 접수일로부터 근무 기준일로 평균 약 10일이 소요된다. 하지만 매년 특정기간(이슬람 금식기간인 라마단과 그 밖의 이슬람 종교 축일 등) 또는 인력 부족으로 시간이 변동되거나 지연될 수 있어 대사관 홈페이지 상단 '최근 소식' 란을 사전에 참조하기를 권한다. 다른 나라와 같이 알제리에도 여러 종류의 비자가 존재한다. 흔히 관광(tourism), 상용(business), 그외 노동(work), 언론(press), 선원(marine), 유학(study), 가족(family) 등 여러 종류의 비자가 존재하지만 근무 및 출장 목적인 상용이나 노동비자가 대부분이다.

관광(tourist)비자: 관광을 목적으로 하는 비자로, 현지 생활에 사용할 재원을 증명해야 하며, 투숙 호텔 예약확인서 또는 알제리에 거주하는 사람으로부터 초청장(lettre d'invitation)과 숙박제공 확인서(attestation d'hebergement)를 알제리 내 기초 행정기관(APC, 코뮨 commune)에서 공증받아야 한다.

상용(business)비자: 출장을 목적으로 하는 비자로, 재직중인 회사의 출장명령서가 필요하고 회사의 현지 사무소, 거래할 알제리 업체 또는 알제리 코트라 사무소에 초청장(lettre d'invitation)을 요청해야 한다. 초청장에는 알제리 방문 기간과 목적 그리고 피초청인의 인적사항이 명기되어 있어야 한다.

노동(work)비자: 노동비자는 취업을 목적으로 하기에 일반적으로 지사, 법인, 현장 등에 부임하는 사람들이 받는 비자이다. 노동 비자를 받기 위해서는 알제리 현지법인 등에서 고용 계약서와 관리기관으로부터 받은 임시노동허가(임시노동비자), 현지법인 등에서 작성한 계약만료 후 본국송환 서약서를 제출해야 한다.

가족(Family)비자: 가족비자는 가족 중 한 사람이 알제리 노동비자로 출국하여 노동허가를 발급받고 체류증을 취득 후 가족을 초청하면, 나머지 가족이 알제리 입국을 위해 신청하는 비자이다. 초청장과 초청인의 체류증 사본을 추가로 제출하면 된다.

• 비자 접수 영수증(좌)
• 알제리 비자(관광)(우)

알제리 행정 시스템은 전산화 미비로 불편하고 행정상 주한 알제리대사관에서도 현지지사, 법인, 현장으로부터 받는 초청장(invitation letter) 등의 서류를 팩스로 수신받아 제출하기를 희망한다. 한국인의 노동허가, 체류증 등을 전문으로 대행하는 업체(kln service, lotfi 등)도 존재하니 어렵지 않게 도움을 받을 수 있어 큰 걱정은 할 필요가 없다.

비자/공증 수수료(2017.11.12기준)는 단수 비자(One Entry visa) 40,000원, 복수 비자(Multiple Entry visa) 56,000원, 공증 수수료(Legalization) 85,000원이다. 접수는 매주 화, 수요일(오전 9:30~11:30, 오후 13:30~16:00)이며, 접수일로부터 약 1주에서 2주 후 발급된다. 발급 비용은 환율 등 상황에 따라 대사관에서 수시로 변경하기에 방문 전 사전 확인이 필요하다. 지금까지 전례상 비자 수수료는 미세하게나마 꾸준히 변동이 있었다. 아울러 비자 수수료 결제는 현금을 원칙으로 한다. 수표, 카드, 계좌이체 등을 통한 지급은 불가하기 때문에 정확한 금액을 원화로 미리 준비해야 하며, 서류가 불충분할 경우 접수가 불가능할 수 있다. 접수가 완료되면 발급일이 기입된 접수증 겸 영수증을 받는다. 비자 수령 방문 시 접수증을 지참해야 비자 수령이 가능하기 때문에 이 부분도 유의할 필요가 있다. 기타 문의사항이 있을 경우 알제리대사관 홈페이지 또는 영사과로(☎ 02-794-5036) 문의하면 자세한 설명이 가능하다.

❚ 비자 신청시 구비서류

비자종류	구비서류
관광비자	신청서(원본 및 사본) 일정표(체류예정 호텔 주소와 연락처 명시) 알제리 거주자 초청장 또는 호텔 예약증 재직증명서 또는 통장 사본(잔고 확인용) 여권(유효기간이 6개월 이상) 및 사본 여권용 사진 2장 왕복 항공권
상용비자	신청서(원본 및 사본) 출장명령서 초청장 및 초청업체 서류 여권(유효기간이 6개월 이상) 및 사본 여권용 사진 2장

❚ 주한알제리인민민주공화국 대사관/영사과

주소	서울시 용산구 회나무로 81(이태원2동 2-6)
전화	02-794-5034, 5035, 5036(영사업무)
팩스	794-5040
주요업무	사증발급, 공증 등
근무시간 (영사업무)	매주 화수 (접수) 09:30~11:30/(발급) 13:30~16:00
국경일	11월 11일
인터넷 주소	www.algerianemb.or.kr

··· 출장 명령서 예시1 (신청자 작성 자율양식) ···

[회사명], [주소], [메일주소], [연락처]

문서번호

Le ○○(일). ○○(월). ○○○○(년)

Ordre de Mission 출장 지시서

- Renseignements personnels 출장자 정보
  - Non et Prenom: [성명]
  - Date de Naissance: ○○(일). ○○(월). ○○○○(년) [생년월일]
  - No. De Passeport: [여권번호]
  - Nom de L'entreprise: [회사명]
  - Position: [직책]

- Information de voyage 출장 정보
  - Destination: [방문 지역 및 회사]
  - Periode de voyage: ○○ ○○ 2017 ~ ○○ ○○ 2017 [방문기간]
  - Objet du voyage: [방문목적]

- Entreprise d'accueil 초청 – 면담 업체 혹은 지사/법인/현장 정보
  - Nom de l'entreprise: [초청 회사명]
  - Addresse: [주소]
  - Tel: +213 21 ○○ ○○ ○○ [전화번호]
  - Fax: +213 21 ○○ ○○ ○○ [팩스번호]

Nous prendrons l'entière responsabilité de son voyage en Algérie y compris l'hébergement et le retour après sa mission.

출장자의 알제리 방문, 숙박 및 귀임을 책임지겠습니다.

En vous merciant d'avance pour votre aimable coopération pour la délivrance d'un visa d'entrée [multiple 복수비자/simple 단수비자 택1] pour son voyage, Madame, monsieur veuillez recevoir mes salutations distinguées.

출장자 [단수/복수]비자발급을 요청드리며, 협조에 감사드립니다. 정중인사

[성명] [서명]
[부서, 회사명]

• • • 초청장 예시1(간소양식) • • •

회사명, 주소, 연락처
문서번호

Le ○○일 /○○월/ ○○○○년

INVITATION 초청장

Je soussigné, M. [초청자성명], [직책] de [회사명] en Algérie, certifie avoir invité les personnes suivantes:
알제리에 소재한 ○○○○기업의 (직책)XX (이름)XXX입니다. 아래 사람을 알제리로 초청합니다.

> ✔ M.(또는 Mme) [성명], [직책] de [회사명], titulaire du passeport n° [여권번호]
> ✔ (출장자 나열)

Engagée dans le cadre du travail, cette délégation est appelée à se rendre en Algérie pour la mission du "Projet de [프로젝트명]."
○○○○사업과 관련하여 위 사람들을 업무 목적으로 알제리로 초청합니다.

La présente invitation lui est délivré pour servir à l'obtention de visa dont le séjour sera du [출장 시작일(일 / 월/ 년)]au [출장 종료일(일 / 월/ 년)].
본 초청장은 상기 신청자들이 ○○.○○.○○부터 ○○.○○.○○까지 체류할 수 있는 비자 발급을 위해 작성되었습니다.

[서명/직인]

_____.

[성명, 직책]

[회사명]

··· 초청장 예시2 (공문양식) ···

초청장 Letter양식
letter head지에 작성
주소, 연락처
Ref: 문서번호

Le ○○일 / ○○월/ ○○○○년

Attention: Section consulaire d'ambassade d'algérie en Corée,
한국주재 알제리 대사관 영사과 귀하
Object: Demande de visa pour une delegation
비자 발급 요청

Monsieur,

[회사명 YYY] présente ses compliments à l'ambassade d'Algérie Section consulaire et à l'honneur de demander de bien vouloir accorder un visa [비자종류-단수(simple)/복수(affaire multiple)] pour la délégation de l'entreprise [초청업체 XXX] qui doit se rendre en algérie [à plusieurs reprises] (단수 비자 신청 시 삭제) pour des réunions d'études d'ingénierie à partir du [알제리 입국 일자].
(당사 YYY는 알제리 대사관 영사과에 감사드리며, 기술회의로 인하여 XYZ일자로 알제리에 입국해야 하는 XXX 기업 직원들의 상용 복수비자/단수비자 발급을 요청드립니다.)

A cet effet veuillez trouver ci-dessous les informations des personnes concernées :
초청자 정보

Nom	직원성명1	직원성명2
Poste	직급	직급
N. de passeport	여권번호	여권번호
Date de délivrance	여권 발급일자	여권 발급일자
Date de Naissance	출생일자	출생일자

Nous vous remercions pour votre coopération d'avance et en attente d'un avis favorable veuillez recevoir nos salutations distinguées. (조속한 발급요청 및 정중인사)
지사장 서명 및 직인

———————————————
Bureau de liaison Algerie (YYY기업 알제리 지사)
Directeur Général (지사장)
Hong Gil Dong (시자장 성명)

2) 알제리 대사관 문서공증

1단계: 상공회의소 무역인증 또는 법무법인 공증

• 상공회의서 무역인증 직인(좌)
• 법무법인 공증(우)

2단계: 외교부 영사 확인 진행

• 외교부 영사과 확인
• 영사과 확인 및 대사관 공증직인

알제리를 시장조사 차 방문하는 경우도 있으나, 현지 업체 또는 발주처 면담 등을 잡고 필요 서류와 제출용 서류를 준비하여 출국하는 경우도 많다. 다른 국가 발주처도 비슷하겠지만 국내 사문서만으로는 설득력이 부족하여 통상 해당국가 대사관 공증을 받는다. 알제리 대사관 공증을 신청하기 위해서는 상공회의소 무역인증 센터의 인증을 받고 외교부 영사과의 확인 후 알제리 대사관에 공증을 받는 절차를 거쳐야 한다.

상공회의소에 문서의 인증을 의뢰 시 영문 신고서(declaration) 갑지와 국문 증명서발급 신청서를 각각 작성 후, 상공회의소 보관용으로 1부를 따로 준비해야 한다. 신고서는 인증받는 문서가 영문이면 갑지의 첫 번째 칸을 체크하고, 문서를 국문이나 영문 또는 기타 외국어로 번역하였다면 두 번째 칸을 체크해하면 된다.

외교부 영사과 인증은 법무법인의 공증 또는 상공회의소 인증이 있어야만 진행이 가능하다. 상공회의소는 즉시 인증을 해주는 반면 법무법인의 경우 해당 법인의 내부 절차에 따라 소요시간이 달라지는 경향이 있다. 상공회의소 서비스 등록 및 회원 업체는 인증비용이 무료이며, 법무법인은 비용이 부과된다. 상공회의소 신청양식은 다음과 같이 간단히 작성할 수 있다.

상공회의소 문서공증 신청서 갑지 작성법

DECLARATION

<u>We (applicant):</u> 영문 회사명

do hereby solemnly and sincerely declare:

1. That the attached document(s):

<u>영문 문서명</u>

2.

☑ is(are) true and correct. (문서 인증 시 체크)

☐ is(are) true translation for the text(s) originally written in the Korean language conscientiously believing the same to true and correct. (번역 인증 시 체크)

Signature

_____

대표이사명(영문)
President and CEO
영문 회사명

상공회의소 증명서 발급신청서 양식

증명서 발급 신청서
무역관계증명서 발급규정에 의하여 다음과 같이 증명서 발급을 신청합니다. (※ 해당 상공회의소에 서명등록이 되어있는 업체에 한하여 증명서 발급신청이 가능합니다.)

1. 신청자 관련사항
   사업자등록번호 :
   상　　호　　명 :
   주　　　　　소 :
   대　　표　　자 :

사용인감

   ※ 신청담당자:
   − 전자세금계산서 수신 E−mail:

2. 신청서류명:

3. 신청서류 내용(간략히 기술)

4. 신청서류 용도(해당란 체크)
   ■ 대사관 제출(인증)　□ 은행 NEGO용　□ BUYER 발송　□ 기타

5. 관련국(수출국): 알제리

6. 특기사항
   □ 발급자 실사인(요청매수:　　　매)
   □ 발급일자 소급(요청일자:　월　일)
   □ 2매 이상의 원본(요청매수:　　　매)
   □ 기타
   ※ 해당사항에 ✔표시를 하고 관련 근거서류를 첨부하셔야 합니다.

7. 대행업체 및 서명번호 (* 전자세금계산서를 대행 업체로 발급 요청 시)
   업　체　명 :　　　　　　　　　　　사업자등록번호 :
   전자세금계산서 수신 E−mail :

8. 발급번호

주) 발급서류 및 관련 근거서류 각1부를 상공회의소 보관용으로 제출하여야 합니다.

외교부 영사확인 신청서 양식

[별지 2호 서식]

접수번호				
본부영사확인 신청서				

1. 신청자 인적사항

신청인 성명	회사명	신청인 영문성명	영문 회사명
생년월일	사업자 등록번호	연락처	전화번호
주소	사업등록증 상 회사 주소		

2. 대리인 인적사항

대리인 성명	신청직원 성명	신청인과의 관계	직원
생년월일	신청직원 생년월일	연락처	핸드폰 번호

3. 신청 문서 관련

문서의 명칭	문서 명칭		
제출대상 국가	알제리 대사관		
문서발급기관	(국문) 회사명	(영문) 영문 회사명	
기관장 성명	(국문) 대표이사명	(영문) 영문 대표이사명	

이상과 같이 본부영사확인 발급을 신청합니다.

(   ) 년 (   ) 월 (   ) 일

신청인(또는 대리인) : _____제출직원 성명_____ (서명) 회사직인 및 서명

수입인지	공용란 (Official Only)	
	접수일자	
	발급여부	발급 ( ), 불허 ( )
	발급일자	
	발급번호	

3) 국제면허증 발급 및 현지 면허증 교부

출장중에 직접 운전해야 할 경우를 대비하여 출국 전 국제면허증을 받아두는 경우가 많다. 해외에서 운전할 경우 한국 면허증으로 운전이 불가능하여 면허증을 대사관에서 공증받아 운전하거나, 단기 체류자의 경우 유효기간이 1년인 국제운전면허증을 발급받아야 한다. 알제리는 상대적으로 난폭운전이 심해 외국인이 운전하기는 힘든 편이다. 현지인들 설명으로는 출퇴근 시간이 되면 3차선 도로가 5차선이 되는 놀라운 광경을 목격할 수 있다고 한다. 국제면허는 모든 운전면허 시험장 및 지자체 여권과에서 당일 발급이 가능하며, 대리인을 통한 신청도 가능하다.

구비서류	여권, 운전면허증, 여권용 사진 또는 칼라반명함판(3×4cm) 1매 - 대리인 신청시 대리인 신분증과 위임장 추가 제출 위임장 양식: http://dl.koroad.or.kr/PAGE_license/view.jsp?code=101406
유효기간	발급일로부터 1년
주의사항	- 여권과 동일한 영문 이름과 서명 사용 - 현지에서 운전시 국제운전면허증, 한국면허증, 여권 지참 - 해외 체류중에는 대리인을 통한 재발급 불가
접수/발급처	전국운전면허시험장 - 접수 후 1시간 이내 발급/사설 학원 시험장에서는 발급 불가
발급수수료	8,500원

현지에서 1년 이상 체류하고 체류증(Carte de résident)을 취득한 경우 국내 운전면허증을 제출하여 알제리 운전면허증(유효기간 10년)으로 교환이 가능하다. 교환을 희망할 경우 면허증 교부 양식, 한국대사관 공증 운전면허증, 운전경력 증명서(민원24 인터넷에서 발급 가능), 출생증명, 거주증명, 혈액증명, 건강검진서(안과포함)를 해당지역 구청(Daira)에 제출하면 된다. 관련 세부사항은 아래 알제리 내무부 홈페이지(http://www.interieur.gov.dz/index.php/fr/circulation-de-personnes/le-permis-de-conduire#faqnoanchor)에서 확인 가능하다.

▌ 알제시 체류증 신청 가능한 주요 다이라(Daïra)

다이라(Daïra)	코뮨(Communes)
Bab El Oued	• Bab El-Oued • Casbah • Bologhine • Oued Koriche • Raïs Hamidou
Baraki	• Baraki • Les Eucalyptus • Sidi Moussa
Bir Mourad Raïs	• Bir Mourad Raïs • Birkhadem • Gue de Constantine • Hydra • Saoula
Birtouta	• Birtouta • Ouled Chebel • Tessala El Merdja
Bouzareah	• Ben Aknoun • Beni Messous • Bouzareah • El-Biar
Chéraga	• Aïn Benian • Cheraga • Dely Ibrahim • Ouled Fayet • El Hammamet
Dar El Beïda	• Aïn Taya • Bab Ezzouar • Bordj El Bahri • Bordj El Kiffan • Dar El Beïda • El Marsa • Mohammadia
Draria	• Baba Hassen • Douera • Draria • El Achour • Khraïssia
El Harrach	• Bachdjerrah • Bourouba • El Harrach • Oued Smar
Hussein Dey	• Belouizdad • El Magharia • Hussein Dey • Kouba
Rouïba	• H'raoua • Reghaïa • Rouïba
Sidi M'Hamed	• Alger-Centre • El Madania • El Mouradia • Sidi M'Hamed
Zéralda	• Mahelma • Rahmania • Souidania • Staoueli • Zeralda

4. 알제리 출입국 및 숙박

1) 알제리 입국수속

알제리 도착 후 입국 수속은 비행기에서 제공하는 입국 신고서를 작성하여 입국 심사대(Immigration)에 여권과 함께 제출하고 여권심사 후 출구로 나와 수하물을 찾으면 된다.

만약 자신의 수하물에 하얀 분필이 칠해져 있으면 세관 검색 대상이다. 알제리를 오가는 많은 사람들은 이런 번거로운 세관의 검색을 피하려 공항직원의 눈을 피해 분필 자국을 지우거나 표시가 안보이게 다른 가방들을 위로 올려 놓은 경험을 체험했을 것이다. 사실 천이 아닌 하드 케이스 여행가방의 경우 비교적 쉽게 지워지기도 한다. 알제리 입국시 수하물을 옮기는 과정에서 던지는 경우가 많아 바퀴가 없거나 손잡이가 부러져 있는 가방을 종종 볼 수가 있다. 이런 경우 한국에서 출국 시 수하물에 취급주의 스티커를 붙이는 방법이 있지만 결국은 복불복인 경우가 많다.

공항 세관 통관시 절차는 비교적 수월한 편이나 과도하게 샘플이 많은 경우

입국신고서 작성법

ENTRÉE	دخـــول		ENFANTS	الأولاد
Sexe M ✓ ذكر	F □ أنثى		الإسم واللقب	تاريخ الميلاد
Nom 성	اللقب		Nom et prénoms	Date de naissance
Nom de jeune fille 혼인전 성(여성)	اللقب الأصلي للسيدة		자녀이름	생년월일
Prénoms 이름	الإسم			
Date et lieu de naissance 생년월일	تاريخ و مكان الميلاد			
Nationalité 국적	الجنسية			
Profession 직업	المهنة			
Adresse permanente 국내주소	عنوان الإقامة		خانة مخصصة للمصالح	
			출입국 경찰 작성 Cadre réservé au service	
Passeport N° 여권번호	رقم جواز السفر			
Délivré le 발급일자	تاريخ التسليم		Type de visa	N° de visa
Par 발급기관	من طرف		Autorité de délivrance	
Provenance 출발지	قادم من		Date de délivrance	Ville
Adresse pendant le séjour 현지 체류지	العناوين أثناء الإقامة		Date de sortie	Poste frontalier
ملحوظة : يجب ابراز ألقاب وأسماء الأطفال وتواريخ ميلادهم في الخلف				
N.B Il y a lieu de mentionner les noms, prénoms et dates de naissance des enfants au verso			Moyen utilisé (véhicule ou autres) Marque immatriculation	
			Imp : S.N. 00.08.46 D	

ENTREE	دخـــول	
Sexe M □ ذكر	F □ الثى	
Nom 성	بنلد	
Nom de jeune fille 혼인전 성(여성)	نسب الأصلي للمرأة	
Prénoms 이름	الإسم	
Date et lieu de naissance 생년월일	تاريخ و مكان الميلاد	
Nationalité 국적	نجنسية	
Profession 직업	المهنة	
Adresse 주소	عنوان الإقامة	
Passeport N° 여권번호	رقم جواز السفر	
Date de délivrance 발급일자	تاريخ الإصدار	
Autorité de délivrance 발급기관	سلطة الإصدار	
En provenance de 출발지	قادم من	
Motif du voyage 방문 목적	سبب السفر	
Adresse durant le séjour 체류 주소 (Commune, Daira et Wilaya)	العنوان اثناء الإقامة (البلدية، الدائرة و الولاية)	
Contact pendant le séjour 체류. 기간 연락처	جهة الاتصال اثناء الإقامة	

• 입국신고서 타입 1 앞(좌)   • 입국신고서 뒤(자녀 동반입국시 기입)(중앙)   • 입국신고서 타입 2 앞(우)

• 알제 공항에서 받은 파손된 여행가방(상)
• 10회권 VIP 사용권(하)

인보이스 가격 기준으로 관세를 지불하는 경우도 있으니 유의하여야 한다.

기업의 임원이나 중역의 의전은 현지의 입국 절차 간소화를 위해 알제공항관리청(Etablissement de Gestion de Services Aeroport d'Alger)에서 VIP 서비스를 제공받을 수 있다. 서비스를 받을 경우 항공기 출구 앞에서 피켓을 들고 고객의 이름을 호명하여 줄 서서 입국심사대를 거칠 필요 없이 바로 수하물 찾는 곳으로 안내하고 입국수속을 대리하여 준다. 통상 10회권 쿠폰을 구입하여 입국하는 분들이 있을 때마다 사용하면 된다. VIP 서비스는 공항 안내 데스크에서 문의하면 발급이 가능하며 국제선 VIP 서비스는 2014년 기준 금액은 약 27,000디나(DA/VAT별도)이다.

2) 세관신고

알제리는 입국할 때 가져오는 외화 및 귀중품에 대한 제지는 없지만 반출

외환신고서 작성방법

الجمهوريـــة الجـزائريــة الديمقراطيــة الشعبيــة
REPUBLIQUE ALGERIENNE DEMOCRATIQUE ET POPULAIRE

MINISTERE DES FINANCES

DIRECTION GENERALE DES DOUANES

وزارة المـاليـــة
المديـرة العامـة للجمـارك

تصريـح بالعملـة الأجنبيـة و أشيـاء ذات القيمـة
DECLARATION DE DEVISES ET OBJETS DE VALEUR
DECLARATION OF HOLDINGS CURRENCY AND VALUABLES

NOM et Prénoms (Surname and First Names) ___성명_____ الإسم و اللقب
Profession __직업_____ المهنة   Nationalité (Nationality) __국적_____ الجنسية
Adresse en Algérie (Adress in Algeria) __현지 주소_____ العنوان في الجزائر
Adresse à l'Etranger (Adress Abroad) __국내 주소(한국/외국)_____ العنوان في الخارج
N° Passeport ou Carte de Residence __여권번호/체류증 번호__ ع_____ رقم جواز السفر أو بطاقة الإقامة
(Passeport Number or residence)

IMPORTATIONS   الـــواردات

وصف و نوعية العملة، وسائل الدفع و المعادن الثمينة المصرح بها Description et Nature des devises, moyens de paiement et métaux précieux déclarés Description and type of currency of paiement and valuables declared	القيمة أو الـوزن Valeur ou poids / Value of Weight	
	بالأرقـام En Chiffres / In Figures	بالأحـرف En Lettre / In Words
외환/귀중품 목록	숫자	문자

تبديـل العملـة الأجنبيـة   CHANGE / (EXCHANGE)

التـاريخ Date	ميلغ و نوعية العملة الأجنبية المبدلة Montant et Nature des devises cédées Amount and type off currency given in exchange	تاشيرة المؤسسة المعتمدة Visa de l'établissement Agréé Stamp and signature of autorized exchange bureau

تبديـل الأوراق المصرفيـة الجزائريـة البـاقيـة
ECHANGE DES RELIQUATS DES BILLETS DE BANQUE ALGERIENS / ECHANGE OF REMAINING ALGERIAN BANKNOTES

التـاريخ Date	ميلـغ و نوعيـة العملـة الأجنبيـة المستفادة منها (من الحصـة) Montant et Nature des devises rétrocédées Amount and type off currency given back	تاشيرة المؤسسة المعتمدة Visa de l'établissement Agréé Stamp and signature of autorized exchange bureau

تاشيـرة الجمـارك
Visa de la Douane
Customs Stamp

تاريـخ و مكان توقيـع صاحـب التصريح
Date et lieu Signature de l'Intéressé
Traveller a signature also name of town and date

A __입국공항(Aler/Oran 등)_____
le __작성일자_____
서명

은 엄격히 검사하는 편이다. 공항 도착 시 외화를 신고하라는 문구도 없고 세관 직원들도 물어보지 않기에 대부분 무심코 넘어간다. 하지만 신고를 하지 않으면 출국 시 난감한 상황에 처할 수 있고 반출 금액의 2~3배의 벌금부과 및 구치소에 수감되는 경우도 많이 발생한다. 2015년 12월 30일 n° 15－18 du 18 Rabie El Aouel 1437 재정법 72조에 의하면 모든 외국인은 1,000유로(Euro) 이상의 금액은 의무 신고토록 규정하고 있다. 알제공항 입국 시 신고 방법은 의외로 단순하다. 입국심사 및 검색대를 통과하여 세관부스에서 외환신서(Déclaration de devises)를 받아 양쪽에 각각 소유한 통화 및 금액, 귀중품 목록을 작성하면 직인하여 한쪽 면만 돌려준다. 출국 시에는 신고서를 제출하고 외환 잔액 및 귀중품을 확인한 후 출국하면 된다. 저자 체류 당시 이와 관련된 여러 문제들이 발생하여 결국 한국 대사관에서 관련 규정 및 여러 사례를 조사하여 진출업체에게 배포하기도 하였다. 또한 6개월 이상 장기거주자의 경우도 외화 반출 시 7,600 유로(Euro)를 초과하지 않는 범위 내의 현지은행 인출 증빙, 출장명령서 등을 제시해야 하므로 결국 모든 외화는 어떠한 경우에도 반출을 위해서는 신고 대상이 되기에 필히 신고하고 유의할 필요가 있다.

• 직인된 신고 확인 샘플(좌)   • 오란공항 외환 및 귀중품신고 부스(우)

외환신고지침

La Direction Générale des Douanes porte à la connaissance des voyageurs :

- ❖ la validité du Titre de Passage en Douanes est passée de 03 mois à 06 mois, non renouvelable ;
- ❖ le formulaire de demande du Titre de Passage en Douanes est supprimé ;

La Direction Générale des Douanes rappelle :

Déclaration de devises 외환 신고

- Articles 19 et 20 du règlement de la banque d'Algérie n°07-01 du 03/02/2007 relatif aux règles applicables aux transactions courantes avec l'étranger et aux comptes devises.

a.   A l'entrée du territoire national : 알제리 영토에 입국 시

Tout voyageur entrant en Algérie est autorisé à faire entrer sur le territoire national des billets de banque étrangers et des chèques de voyage, quel que soit le montant, sous réserve d'une DECLARATION en douane. 입국 시 금액과 상관없이 외화 및 여행자수표는 신고 대상임

b.   A la sortie du territoire national : 알제리 영토에 출국 시

Tout voyageur quittant le territoire national est autorisé à faire sortir tout montant en billet de banque étrangers ou en chèque de voyage :

- ❖ Pour les non résidents : du montant déclaré à l'entrée diminué des sommes régulièrement cédées aux intermédiaires agréés et aux bureaux de change ;
- ❖ Pour les résidents : des prélèvements effectués sur compte devise dont la limite du plafond est fixée par instruction de la banque d'Algérie (7600 €) et/ou des montants couverts par une autorisation de change :

Inférieur ou égal à 7600 € : Obligation d'un avis de débit bancaire
Supérieur à 7600 € : Obligation d'une autorisation de la Banque d'Algérie.

7,600유로까지 은행 증빙, 7,600유로 이상은 중앙은행 승인 필요

Sortie et entrée du dinar algérien :   알제리 현지화 반출 시

Instruction de la banque d'Algérie n°10-07 du 07/11/2007 relative à l'exportation et l'importation de billets de banque Algériens.

Seuls les voyageurs résidents sont autorisés à faire entrer et à faire sortir des billets de banque algériens, dans la limite du montant de trois mille dinars algériens (3000 DA).

알제리 거주자는 3,000디나(DA) 한도 내에서 현지화 반출 가능(신규 규정은 10,000디나(DA)로 상향 조정)

3) 출국수속

　　예전에 테러 경험으로 인해 알제공항 주차장에 진입하기까지 4곳의 검색대를 통과해야 한다. 주차장에 들어서기 전 짐이나 수하물을 우측 임시 정차장에 내리면 그나마 수고를 덜 수 있다. 주차료는 50디나(DA)로 저렴하고 외교 또는 관용여권 소지자가 여권을 제시하는 경우 주차료가 면제된다.

　　공항입구 검색대를 통해 들어간 후 에어 알제리(Air Algerie) 등 각 항공사별로 창구(Check-In Counter)가 있다. 수속 창구와 보안 검사대가 많지 않아 비행기 출발 2시간 전에는 도착하여 수속을 밟아야 한다. 개인 짐을 부치고 항공권을 발급받고 나면 여권과 비행기표를 갖고 옆 창구에

• 서류심사(Contrôle de document) 항공권 확인

출국신고서 작성법

SORTIE　خـــروج	
남/여 체크 Sexe　M □ ذكر　F □ أنثى	
Nom 성	اللقب
Nom de jeune fille	اللقب الأصلي للسيدة
Prénoms 이름	الاسم
Date et lieu de naissance 생년월일 출생지(Seoul/Busan)	تاريخ و مكان الميلاد
Nationalité 국적	الجنسية
Profession 직업	المهنة
Adresse permanente 국내 주소	عنوان الإقامة
Passeport N° 여권번호	رقم جواز السفر
Délivré le 발급일자	الصادر في
Par 발급기관(외교부)	من طرف
Destination 목적지	الاتجاه

ملحوظة : يجب ايراد القاب و أسماء الأطفال و تواريخ ميلادهم في الخلف
N.B. Il y a lieu de mentionner les noms, prénoms et dates de naissances des enfants au verso

• 출국신고서 앞

ENFANTS		الأولاد
	الاسم واللقب Nom et prénoms	تاريخ الميلاد Date de naissance
	자녀 이름	생년월일

출입국 경찰 작성　خانة مخصصة للمصلحة Cadre réservé au service

N° visa	Date
Type de visa	par

□ A.P　□ A.S　□ T.C　□ O.M　□ C.R

N°　　　　　　　　　　Date
par

Date d'entrée　　　　Poste frontalier

Moyen utilisé (véhicule ou autres)　Marque　immatriculation

Imp.. S.N. 00.08.98 D

• 출국신고서 뒤(자녀 동반출국 시 기입)

있는 서류심사(Contrôle de document) 창구에서 확인 스탬프를 받아야 하는 일부 목적지도 있다. 확인 스탬프까지 받았다면 출국카드를 작성하여 출국심사, 세관을 거쳐 탑승장(해당 Gate)으로 이동 후 항공편에 따라 대합실(SALLE)에서 대기 후 탑승하면 된다.

가끔씩 현지 규정을 모르는 외국인(특히 동양인)을 상대로 몇몇 현지 세관 직원들이 현금소유 여부를 물어본다. 실례를 들자면 현지화가 있는지 물어본 후 반출을 금한다며 압수하려는 경우이다. 돈이 수중에 얼마 없다면 탑승장 면세점이나 커피숍에서 쇼핑이나 먹을 것을 사기 위해 남긴 돈이라 알려주면 되지만 그 이상으로 돈을 소지하고 있는 경우 출국 후 다시 알제리로 귀국 예정임을 정중히 설명 해줘야 한다.

현지화가 아닌 외화(유로 또는 달러 등)의 반출 문제는 해결이 어려운 경우가 많다. 특히 알제리는 과실/대외송금 절차가 원활하지 않아 직접 돈을 들고 나가는 경우가 많다. 만약 현지 규정을 위반하고 신고 없이 외화를 반출하는 경우 몰수 및 수감될 수도 있기 때문에 각별히 유의하여야 한다. 실제로 외환신고서를 작성하지 않아 피해를 입은 국내기업 사례도 많다. 주로 출장시 외환신고서를 작성하지 않았거나 현지화를 암시장에서 환전하여 밀반출하는 외국인들의 사례가 번번이 신문에 화두가 되기도 한다.

4) 취항노선

1924년에 개항한 알제리 국제공항은 수도 알제에서 16km 남동쪽에 위치한다. 하지만 1992년 8월 26일, 당시 국제공항(현 국내선 공항)에서 발생한 테러 사건으로 인해 9명의 사망자가 발생하면서 보안과 새로운 공항을 신축할 필요성이 제기되면서 지금의 알제 국제공항이 탄생하였다. 알제 국제공항 명칭은 대통령이자 혁명가인 우아리 부메디엔(Houari Boumediene)에서 유래되었으나, 편의상 알제공항(Aéroport d'Alger)으로 호명된다. 알제공항은 2011년도 아프리카 최고의 공항으로 꼽히기도 하였다.

『엘무자히드 El-Moudjahid(2014.05.20)』에 의하면 담당부처인 교통부는 여행객의 편의와 물류운송 개선을 위하여 알제에 새로운 국제공항 건설을 발표하였고 신 국제공항은 2018년 준공을 목표로, 한해 1,000만명의 여행객을 수용하면서 기존 국제공항을 포함하여 총 1,600만명의 여행객들을 왕래시킬 것으로

　•알제공항(좌)　　　　•국내선 터미널(중앙)　　　　•국제선 터미널(우)

기대하였다. 이로 인해 항공 시설의 현대화로 보안, 행정, 기술 분야 경쟁력을 갖출 것으로 예상되며, 라마단 기간과 여름 성수기 기간 중 항공료를 절감하는 데 도움이 될 것으로 전망되고 있다.

　아시아－알제리간 직항 노선은 현재까지 중국－알제리 노선이 유일하다. 주로 중국 인부들이 자국에 휴가차 이용하는 경우가 많다. 한국 사람들은 주로 인근 유럽이나, 중동을 경유하는 노선을 많이 이용한다.

　지금까지 다양한 노선을 이용해본 결과, 우리나라에서 알제리로 가는 항공편은 에어 프랑스(Air France)가 다른 노선대비 피로가 덜한 편이다. 파리를 경유할 경우 오를리 공항(Orly airport)과 샤를 드골 공항(Charles de Gaulle Airport)이 있는데 알제리 지역 노선상 사정이 있는 경우 제외하고는 샤를 드골 공항에서 바로 환승하는 것이 용이하다. 오를리 공항을 이용할 경우 샤를 드골(Charles de Gaulle Airport)에서 오를리 공항까지 이동해야 하는 불편함이 따른다. 루프트한자(Lufthansa)도 중간에 1박이나 공항을 이동하지 않고 바로 알제로 들어올 수 있고, 카타르항공(Qatar Airways)도 저렴한 가격으로 도하를 경유하여 알제리에 들어오는 항공편을 운행하고 있다.

　2005년을 기점으로 알제리가 안정을 찾자 석유산업에 의한 경제 안정으로 유럽 주요국들이 알제리 노선을 취항시키고 있다. 현재 알제에 취항하는 국제 항공편은 프랑스, 영국, 독일, 이탈리아, 스페인, 튀니지, 카타르, 아랍 에미레이트 등 14개국 항공사가 있다.

　알제리에서 항공권을 예약하려면 항공사 대리점에서 직접 구입하거나 에어 프랑스(Air France)를 제외하고(에어 프랑스는 일부 여행사만 허용)는 여행사를 통해 구매가 가능하다. 알제리 국내선 항공권은 외국에서 예약 및 결제 문제가 종종 발생하여 알제리 내에서 직접 구입해야 하는 경우도 있다.

▌ 에어 알제리(주요도시 운행일정)/Air Algerie: www.airalgerie.dz

운행구간	운행요일	항공시간	비고
Bruxelles-Alger	매주 금, 월	13:45	
Barcelona-Alger Madrid-Alger	매주 수 매주 금, 월 매주 토, 화	23:40 18:20 13:20	
Geneve-Alger	매주 목, 토, 월	13:50	
Istanbul-Alger	매주 토	19:10	
Londres-Alger	매주 금, 일, 화	13:50	
Rome-Alger	매주 목, 토, 월	12:20	
Marseille-Alger	매주 수, 금, 토, 월 매주 목, 일, 화	13:50 17:35	
Casablanca-Alger	매주 수, 금 매주 일	11:30 11:20	
Paris-Alger	매일	12:25 09:10 17:30 20:05	파리 드골공항 파리 오를리 공항

▌ 에어 프랑스/Air France: www.airfrance.fr

운행구간	운행요일	항공시간	비고
Paris-Alger	매일 5회	07:30 09:45 12:35 16:15 20:15	

▌ 에어 모로코/Air Maroc: www.royalairmaroc.com

운행구간	운행요일	항공시간	비고
Casablanca-Alger	매주 토, 월, 금, 목	08:20	

▌ 터키 항공/Turkish Airlines: www.turkishairlines.com

운행구간	운행요일	항공시간	비고
Istanbul-Alger	매주 토, 월, 화, 수, 목	12:25	

▌ 이태리 항공/Alitalia: www.alitalia.fr

운행구간	운행요일	항공시간	비고
Rome-Alger	매일	11:55	
Milan-Alger	매주 토, 월, 목	13:25	

▌ 튀니지 항공/Tunisair: www.turnisair.com.tn

운행구간	운행요일	항공시간	비고
Tunis-Alger	매일	15:30	
	매주 일	13:00	

▌ 카타르 항공/Qatar Airways: www.qatarairways.co.kr

운행구간	운행요일	항공시간	비고
Doha-Alger	매일	07:20	
	매주 월, 화, 목, 토	02:20	

5) 호텔 및 숙박

알제리 일반 가정은 220볼트 50HZ이나, 콘센트 모양이 한국과 같아 전자 제품 활용에는 무리가 없다. 하지만 각종 플러그나 콘센트 등 규격이 프랑스 표준을 따르고 있어 출장시 휴대용 어댑터를 지참하는 사람도 일부 있다. 간혹 수시로 전기 공급의 끊김 문제로 일부 모터가 부착된 가전제품의 경우 사용이 원활하지 못한 경우도 발생하고 실례로 한국에서 가져간 전기밥솥이 3개월 만에 고장난 경우도 있었다. 또한 알제리는 의료시설이 낙후되고 의사소통 문제가 발생할 수 있으니 만일을 대비해 구급약을 휴대하는 것이 바람직하다.

알제리에는 외국인 출장자나 관광객을 위한 호텔이 부족하고 그 수준에 비해 가격이 높게 책정되어 있다. 지사가 있을 경우 대부분 출장자들을 위하여 현지 특급호텔들과 협약을 체결하여 출장자 방문 시 할인된 가격에 투숙을 할 수 있도록 지원하고 있을 것이다. 하지만 현지에 실체가 없다면 Hotels.com 등 호텔 예약 사이트에서 대금을 선 지급하고 예약을 확정하고 출발해야 한다. 혹시라도 회사 방침 등에 의하여 가 예약 후 현지에서 결제를 해야 하나, 홈페이지 예약 시스템이 작동이 되지 않고 이메일에 답신을 하지 않는 경우 팩스를 통하여 예약을 확정하고 예약 확인서를 필히 받아두어야 한다.

▌ 알제지역 주요 숙박업소

호텔명	주소	전화	팩스	홈페이지/e-mail
El Djazair	24,Avenue Suoidani Boudjemaa- Alger	021 23 09 33-37	021 69 35 08 021 69 11 56	www.hoteleldjazair.dz hoteleldjazair@wissal.dz
El Biar	1 Bld.du 11 Decembre 1960, El Biar, Algiers	021 91 60 30	021 91 18 20	www.elbiar-hotel.com elbiarhotel@gmail.com
El Aurassi	Boulevard Frants Fanon-Alger	021 74 82 52	021 71 72 87	www.el-aurassi.dz aurassi@yahoo.com
Hilton Alger	Pins Maritimes, El Mouhammadia-Alger	021 96 96 -20	021 21 96 94	www.hilton.com self_algiers@hilton.com
Sofitel	172, Rue H.Ben Bouali- Alger	021 68 52 10 -18	021 67 31 42	www.accorhotels.com H1540@accor-hotels.com
Sheraton	Club des pins-Alger	021 37 77 77	021 37 77 00	www.sheraton.com sheraton-cdp@djazairconnect.com
Mercure	Route de l'Université Bab Ezzouar-Alger	021 24 59 70	021 24 59 10	www.accorhotels.com sauvageotfrançis@accorhotels.com
Hydra	Bd. Ben Youcef Benkhedda Bp.16 Bis Said Hamdine Hydra - Alger	021 54 89 42 -44	021 54 87 01/02	www.hotelhydra.dz contact@hotelhydra.dz
Ibis	Route de l'Université Quartier des Affaires, Bab-Ezzouar, Alger	021 98 80 20	021 98 80 01	www.ibis.com H5682@accor.com

　　상위 숙박시설들을 제외한 대부분의 호텔들은 옛 프랑스 식민시절 지어진 것으로 전통은 있을 수 있겠으나 청결도 부족과 시설 노후로 초반에 다소 불편함을 느낄 수 있다.

　　유전지역인 하시 메사우드는 2004년 정부에서 위험지역으로 선포한 이후 신규 호텔 공급이 부족한 탓에 열악한 시설에도 불구하고 가격이 높은 편이다. 현지에서 국제행사나 세미나 등이 열리면 지역 호텔 예약은 동 기간 동안 매우 어렵게 되며 열악하고 안전하지 못한 숙박시설 외에는 찾기가 어려워진다. 심지어 1시간 반 거리인 서측 우아르글라(Ouargla) 주까지 이동하여 호텔을 구해야하는 번거로운 일도 생긴다. 하시 메사우드 지역 호텔 중 외국인을 위한 시설이 갖추어진 호텔은 아래와 같다.

▌하시 메사우드 지역 숙박 업소

호텔명	주소	전화	팩스	홈페이지/e-mail
Euro Japan	RN03 BP256 Hassi Messaoud	021 29 73 66 82	021 29 73 66 82	eurojapan-dz.com
Red Sea	El Borma Rd BP321 Hassi Messaoud	021 29 73 13 75	021 29 73 11 71	www.redseahousing.com
High Class Residence	BP 380 Hassi Messaoud	021 29 73 56 41		high.services@gmail.com
Residence Sodexo	BP 377 Hassi Messaoud	021 29 73 70 42	021 29 73 66 48	www.sodex.com

▌오란 지역 숙박업소

호텔명	주소	전화	팩스	홈페이지/e-mail
Four Points	Boulevard Du 19 Mars, Route Des Falaises, Oran, 31000	(213)(41) 590 259	(213)(41) 590 119	https://www.starwoodhotels.com
ibis Oran Les falaises	ibis Oran Les Falaises	(213) 41/982300	(213)41/590707	http://www.ibis.com
Sheraton Oran Hotel	Route Des Falaises Avenue Canastel, Seddikia, Oran,	(213)(41) 590100	(213)(41) 590101	https://www.starwoodhotels.com
Le Meridien	Route Des Falaises Avenue Canastel, Seddikia, Oran	(213)(41) 984000	(213)(41) 984001	https://www.starwoodhotels.com
Eden Aiport	Route Nationale de l'Aéroport, Oran	(213) (41) 516312~16	(213)(41) 516318	www.edenphoenix.com
Eden Phoenix	Rond Point de L'Aéroport Es Sénia, Oran,	(213)(41) 516160		www.edenairport.com

　　그 외 알제 인근에는 한인 게스트하우스(민박)가 있으며 네이버 블로그 등
에서 내부시설 및 연락처를 확인할 수 있다. 처음 출장가는 사람들에게는 다양
한 정보를 얻을 수 있고 호텔대비 가격도 저렴한 편이다. 간단한 식사가 제공되
며 방에서 무선 인터넷이 가능하다.

6) 식당정보

❶ 알제리 전통음식과 주류

알제리 음식은 아랍식이 혼합된 독특한 지중해 식문화를 지닌다. 해산물과 올리브유, 각종 야채 및 토마토 등의 지중해 식단에 양고기와 민트차, 달고 기름진 북아프리카(마그레브) 전통식을 혼합한 식문화를 지녔다고 할 수 있다.

가장 대표적인 먹거리는 '메슈이(mechoui, 양고기통구이)', 쿠스쿠스(couscous), 따진(Tajine), 쇼르바 수프(Chorba) 등이 있다.

• 메슈이(mechoui)

메슈이는 양의 껍질을 벗기고 향신료를 첨가하여 통으로 굽는 요리이다. 잔치음식인 메슈이는 귀빈을 접할 때 또는 라마단 후 영양 보충을 위한 음식으로 모두가 모여 같이 손으로 뜯어먹는 것이 풍습이었다고 하나, 요즘은 손으로 먹지 않고 식도구를 사용한다.

쿠스쿠스는 주로 북아프리카 마그레브권에서 즐기며, 양고기 또는 닭고기와 큼지막하게 야채를 썰어 빻은 밀과 쪄낸 요리이다.

• 쿠스쿠스(couscous)

모로코, 튀니지, 리비아, 알제리 같은 곳에서는 고기와 당근, 감자 등과 같이 쪄서 묽은 토마토 소스 또는 우유, 꿀 등을 넣은 다양한 소스가 곁들여지기도 한다. 이집트에서는 버터, 견과류 등과 먹으며, 스페인, 프랑스, 이탈리아까지 널리 전파되었다. 메슈이, 쿠스쿠스, 민트차는 알제리 대표 음식으로 방문 시 한번쯤 맛을 보는 것이 좋다.

아랍식 식사는 빵과 함께 전채 요리가 먼저 나오고, 이어 주식이 나오며 과일과 차가 순서대로 제공된다. 우리 입장에서는 상당한 식사량으로 시간을 두고 천천히 먹는 것이 좋다. 식사는 통상적으로 아침 7~8시, 점심 12~14시, 저녁

20~22시로 조금 늦고 가정에서 식사를 하는 경우가 대부분이다. 현지인과 첫 대면 식사 시 술을 마시거나 강요하는 것은 실례이므로 삼가야 한다.

라마단이나 종교휴일 등을 제외하고는 외국인 취급 레스토랑에서는 알콜주류가 개방되고 섭취를 이해하는 편이고 라마단 기간에도 호텔에서는 주류를 판매하고 있다. 역사적으로 프랑스 등 유럽국과의 교류로 문화적인 금기사항은 없는 편이나 이슬람의 기본예절과 돼지고기 등 종교적인 금기부분은 존재한다. 단식(라마단 기간) 중에 있는 무슬림 앞에서 물이나 음식을 섭취하는 행동이나 모습은 보이지 않는 것이 좋다. 업무협의시 아무리 상대방이 차를 권한다고 해도 먼저 라마단에 동참하려 노력한다고 말하며 정중히 사양한다면 상호에 대한 친밀도나 호감도가 높아질 것이다.

알제리는 술을 금지하는 이슬람 국가이지만 특이하게도 정부의 적극적인 지원 속에 활발한 주류(와인, 맥주) 산업을 추진하고 있다. 국영기관인 포도주제품 전매청(ONCV: Office national de commercialisation des produits vitivinicoles)은 1990년 후반부터 포도수확 농가에 헥타르당 15,000디나(DA)의 보조금을 제공하였고 기술적인 지원과 품질 관리 등에 많은 노력을 쏟았다. 그 결과 세계 와인 대회에서 수차례 상을 수상하였고 서울에서 열린 2005년 세계 와인 페스티벌에서 뀌베 듀 프레지덩(Cuvée du president)이라는 포도주로 금상을 수상하였으며, 땅고(Tango)라는 이름의 맥주도 생산 중이다. 알제리의 기후는 지역과 시간에

• Cuvée du président   • Saint Augustin   • Cuvée Monica   • Tango

따라 기온이 상이하나 지중해성 기후로 포도재배에 적합하다. 특히 오랑(Oran), 아인 테무슈(Ain temouchent), 시디 벨 아베스(Sidi bel abbes) 같은 지역은 포도 재배가 많이 이루어지고 있다고 한다.

참고로 예전과 달리 외국인 상대로 주류를 배달까지 해주는 업체(Fine Goods: 06-6152-0180, 05-5561-6233 finegoodsalgiers@gmail.com)도 늘어나고 있는 추세여서 이제는 예전과 다르게 알제리 방문 시 금주와 라마단에 대한 부담과 걱정을 가질 필요는 없다.

❷ 알제 업무지역 주요식당

알제리 현지 식당은 위생 환경이 열악하여 많은 사람들이 진출 초기에 고생한 선례가 있어 가급적 환경에 적응할 때까지는 입에 맞지 않는 식사는 하지 않는 것이 바람직하다. 알제리 내 많은 외국인들도 대부분 같은 맥락으로 초기 부임 시 일반 음식점보다 주요 호텔식당 등을 이용하는 편이다. 하지만 식사하러 다니느라 하루 일과를 모두 소비할 수 없기에 평소 숙소와 근무지 인근에 위생, 맛, 가격이 적절한 식당들을 섭외하고 주변 사람들에게 추천받아 이용해보기를 권한다.

저자는 지사와 법인 설립과 청산 당시 혼자 업무를 봤기에 식사해결을 위해 근무지 인근 많은 식당들을 접할 수밖에 없었다. 사람에 따라 음식이 입에 맞지 않아 고생을 할 수 있겠으나 대부분 시간이 지나면서 현지 음식에 적응하는 듯하다. 초기 부임하여 가정식사가 어려운 만큼 알제에서 업무가 많은 히드라(Hydra)와 엘비아르(El Biar) 지역에서 선호되었던 주요 식당을 간략하게 정리해보았다.

히드라(Hydra) 지역 외국 주재원들이 평소 이용하는 많은 식당들은 시디 야히야(Sidi Yahia) 거리에 위치하고 있다. 특별한 이유는 없으나, 외국 지상사들이 시디 야히야(Sidi Yahia) 인근에 위치하다 보니 자연스럽게 요구하는 수준에 맞춰 요금과 서비스의 질이 상향되었고, 한국 주재원들은 유머로 알제리의 청담동이라 호칭하기도 한다. 하지만 아직까지는 청결도와 서비스의 수준에 대해 높은 기대는 하지 않는 것이 좋다. 저자가 시디 야히야(Sidi Yahia)에서 1인 1,500디나(DA) 수준에 이용하였던 식당들은 샐러드와 스테이크로 유명한 테라스(Terrasse), 오믈렛이 유명한 비아베네또(Via Veneto), 중국음식점 라시떼 엥떼르디(la cité interdite/

❶ Terrasse 입구
❷ Via Veneto 입구
❸ Le Pekinois 입구
  ((현) la cité interdite 상호 변경)
❹ Croq' in 입구

(구)르뻬끼누아 Le Pekinois), 다양한 메뉴를 가지고 있는 크로크인(Croq' in) 등이 있다. 그 외 시디 야히야(Sidi Yahia) 거리에서 살짝 벗어난 02 Rue Abou Nouas 에 위치한 이탈리아 식당 카사미아(Casa Mia)는 이탈리아 주인 아주머니가 장부 를 관리하며 월말 결제를 허용하기에 일부 외국지상사들도 장부를 두고 있다.

사무실에서 간단히 식사를 해결해야 할 경우 샤와르마(shawarma/캐밥) 샌드 위치 전문점인 아브라카다브라(Abracadabra), 케밥 이스탄불(Kebab Istambul) 그 리고 햄버거로 유명한 벤 버거(Ben Buger) 외 다수의 커피숍(샌드위치, 버거, 스테 이크와 감자튀김)의 점심 메뉴들이 있고 후식으로는 케익과 디저트가 유명한 오텔 로(Otello)와 데리지아(Delizia) 등이 있어 근무지가 시디 야히야(Sidi Yahia) 인근 일 경우 일상적인 식사 해결에는 불편함이 없으리라 생각한다.

엘 비아르(El Biar)와 발 드 히드라(Val d'Hydra) 지역은 중앙 세무서(DGE), 재무부, 에너지부, 한국 대사관 및 한국 업체들이 많은 곳이다. 업무상 자주

• Abracadabra(좌)　　　　• Ben Buger(중앙)　　　　• Delizia(우)

❶ 알제리식 투아렉
❷ 프랑스식 히포포타무스
❸ 피자집 우드페커
❹ 스테이크집 파르팔라
❺ 양꼬치와 통닭구이집

방문할 수밖에 없지만 시디 야히야(Sidi Yahia)처럼 떠오르는 식당들은 많지 않다. 저자가 해당 지역에서 주로 미팅을 가질 때 방문하였던 식당들은 11 decembre 1960거리(Boulevard)에 위치한 프랑스 스테이크 체인점인 히포포타뮤스(Hippopotamus)와 8명이 먹어도 남을 초대형 피자를 만드는 우드페거(Woodpecker)이다. 그 외로는 05, Rue Mohamed Djemaa Kheidar에 위치한 알제리식 투아렉(Le touareg)과 Résidence chabani에 위치한 스테이크집 파르팔라(Farfalla), 알콜주류를 판매하는 터키식당 보스포르(Le Bosphore), 다른 거리보다 통닭과 꼬치구들이 청결해 보이는 rue mohamed Chabane 거리의 저렴한 꼬치구이집들이 있다.

알제리는 한집 걸러 한집이 식당이지만 특색 있는 식당은 흔하지 않다. 알제리에 한국 교민이 없고 대부분 주재원이 다니는 지역이 유사하여 이용하는 식당도 비슷할 수밖에 없다. 하지만 알제 인근의 이색적이거나 분위기 있는 식당을 찾는다면, 엘비아르(El Biar) 언덕 n°66 Chemin Sfindja 거리에 위치하여 알제 항구와 바다가 보이고 토마토 모짜렐라와 해물 파스타가 주 종목인 이탈리아 전통식당 조리(Zhori), 관광명소인 독립기념탑 마캄 샤이드(Maqam E'chahid) 인근 고급 음식점인 오봉지비에(Au Bon Gibier)와 탄트라(Tantra), 바다가 그리울 때 방문하면 좋은 아인베니안-엘자밀라(Ain Benian, El djamila(前 라 마드라그, la madrague)) 항구의 생선과 해산물 전문점 르 소뵈르(Le sauveur) 정도일 것이다.

KFC와 유사한 후라이드 치킨이 그리울 때는 알제 시내 39 Rue Didouche

• 독립기념탑(Maqam E'chahid)　• 고급 음식점 Tantra (양식)　• 해산물을 전문점 Le sauveur
• 후라이드 치킨 boston　　　　• 인도식당 Taj Mahal　　　• 인도식당 maharaja 등

Mourad 위치한 보스톤(Boston)이 있고 이국적인 음식이 생각날 때는 cooperative El Moustakabel Ain Allah(골프장 옆) 위치한 인도 식당 마하라자(Maharaja)가 있다. 인도 식당의 경우 마하라자 외에도 타지마할(Taj Mahal)이라는 식당이 7 Rue Idir Toumi Ben Aknoun와 43 route de dely brahim 2곳에서 영업을 하고 있다.

　알제리에서 팁은 의무사항이 아니기에 일반적으로 요구하지 않는다. 레스토랑 등에서는 서비스료가 음식값에 포함되어 서비스 요금을 따로 지불할 필요가 없으나, 만족도에 따라 잔액 정도를 팁으로 두고 나오면 부담 없을 듯하다. 호텔에서도 포터가 짐을 옮겨줄 때나, 침실 청소를 희망할 경우에도 100~200디나(DA) 정도를 팁으로 건네면 받는 사람도 주는 사람도 부담이 없을 듯하다.

II. 알제리 정착

1. 생활여건

1992년 과격 이슬람 무장 세력에 의한 치안상 문제와 테러 등으로 외국인이 거주하기 힘든 상황이었으나 현재는 테러가 진정되고 안전에 지장이 없는 것으로 보이고 있다. 하지만 과거 사회주의 체제가 남아있고 노후화된 기반시설, 자녀교육, 취미활동 부재 등이 외국인 정착에 변수로 작용하고 있다.

알제리는 지중해 연안에 자리하여 혹서기인 8월을 제외하고 기후 등 자연조건은 양호하나 생활여건은 인접국인 모로코의 라바트(Rabat), 카사블랑카(Casablanca) 같은 도시와 비교하면 부족한 편이다. 모로코는 외국 물자를 받아들이면서 사상이 열려 취미활동 – 여가생활, 국제 학교, 외국 유통, 식품 및 의류브랜드 등을 접할 수 있는 반면 알제리는 아직까지 제대로 된 마트조차 부족한 실정이어서 생활환경은 생각보다 열악하다. 『EIU – A Summary of the Liveability Ranking and Overview(2016.08)』에서 2016년 세계 140개의 수도 및 주요 도시들의 인프라, 의료수준, 안정성, 환경, 교육, 문화 등의 평가기준을 적용하여 생활불편도를 조사한 결과 알제시는 조사대상 140개국 중 134위에 랭크되어 거주여건이 가장 열악한 10대 도시로 평가되고 있다.

하지만 알제리는 남부 아프리카 국가와 다르게 풍토병이 없어 예방 접종이 불필요하고, HIV/AIDS 보균율도 전 세계 113위(0.1%)로 낮은 편에 속한다. 유럽의 광우병, 한국의 조류독감 등이 발병했을 때도 알제리는 안전하였다. 근래에는 UNO와 Ardis 같은 대형 마트들도 대도시 위주로 영업을 하고 있고, 신식 가전들도 다수 수입 및 현지 조립되어 예전과는 사뭇 다르다. 또한 알제시의 경우 승마, 스쿠버 다이빙, 골프 등 주어진 환경속에서 노후된 시설들을 직접 수리하며 취미를 즐기고 교류하는 외국인들도 늘어나는 추세이다.

1) 숙소 및 사무실 임대

초기 진출 시 지사/법인 업무보다 중요한 것이 생활환경 구축이다. 호텔에서 생활은 단기간 출장이 아닌 이상 한계가 있다. 주거환경이 정착되어야 업무를 본격적으로 시작할 수 있다. 숙소 및 사무실을 구하고 통신, 수도, 전기, 차량, 가구, 주방용품 등 준비해야 할 것은 세부적으로 따지면 작은 것부터 큰 것까지 상상할 수 없을 만큼 많다. 또한 영어도 아니고 프랑스어권 지역에 이슬람 문화가 한국인에게 친숙하지 못한 것은 당연한 일이다. 행정속도는 느리고 전화와 인터넷을 신청해도 계통까지 평균 1개월은 기본으로 기다려야 하니, 초기에는 어떤 업무를 보든 답답함을 느끼는 것이 정상이다. 그나마 프랑스에서 생활해본 경험이 있는 사람에게는 조금 익숙할 수 있을 것이다.

알제리 출장을 한번이라도 다녀왔다면, 행정지역과 외국기업 밀집 및 안전 지역을 확인했을 것이다. 알제 시내 중심으로는 히드라(Hydra), 발드 히드라(Val d'Hydra), 엘비아(El-Biar), 그보다 약간 외각으로는 델리브라힘(Dely Brahim)과 벤아크눈(Ben Aknoun) 정도가 외국 업체가 들어서기 좋은 구역이다. 직접 운영하는 현장, 시설 내에 위치하지 않는 한, 업무와 교통, 생활편의를 위하여 해당 지역에서 멀어지지 않기를 저자는 조언하고 싶다.

현지의 건물 형태를 보면 아직 사무실 외관을 갖춘 빌딩을 찾기 어렵고 있다고 하여도 극소수에 불과하다. 일부 굵직한 국제기업들은 숙소와 사무실을 분리하여 사무실을 별도로 임대하거나 직접 건설하는 경우도 있다. 하지만 한국기업의 경우, 대부분 가족 없이 부임하기에 큰 빌라를 임대하여 직원들의 사무실 겸 숙소로 사용하는 경우가 보편적이다. 한 빌라를 임대하여 사무실 겸 숙소로 사용하고자 할 경우 층별로 분리하여 각각 숙소와 사무실로 별도 계약을 해야 한다. 저자가 부동산 시세를 직접 조사하였을 당시 수요 대비 공급이 부족하여 높은 임대료가 형성되어 있었다. 사무용으로 사용할 수 있는 빌라의 임대료는 크기와 위치에 따라 틀리나, 월 미화 2,500불(USD)부터 시작하여 많게는 미화 10,000불(USD) 넘는 빌라들도 많았다. 하지만 기업들이 선호하고 계약되는 빌라는 일부를 제외한 대부분은 미화 7,000불(USD)을 넘지 않았다. 하지만 지방의 경우 금액을 떠나 적절한 물건이 없어 구하는 자체가 문제이기도 하다.

가족과 같이 부임하여 주거를 따로 임대해야 할 경우도 비슷한 고민이 따른다. 현지인이 거주하는 미화 200~700불(USD) 수준의 아파트는 외국인 입장에서 시설 노후 등의 문제가 많아 저자 판단으로는 수리 없이 생활이 불편할 수밖에 없다. 좋은 지역의 수리된 아파트 및 소형 빌라(단독주택)의 경우 평균 월 미화 2,500불(USD)은 요구하기에 적당한 주거공간을 얻기는 쉽지가 않다. 결국 가족이 있는 대다수의 외교관 또는 주재원들은 생활의 편의를 고려하여 위에서 언급한 히드라(Hydra), 발드히드라(Val d'Hydra), 엘비아르(El-Biar), 지역에 신축 아파트를 월 임차료 미화 2,500불(USD) 선에서 임대하는 경우가 대부분이다.

예1) 사무가능 빌라1 (단독주택)

• 진입로/입구   • 사무 공간으로 활용된 거실   • 주방

예2) 사무가능 빌라2 (단독주택)

• 진입로   • 현관/입구   • 사무 공간으로 활용 가능한 거실

일반적인 계약방식은 1년치 선납으로 공증인(notaire)에게 아랍어 공증계약을 하며, 중계료는 1달치 월세를 기본으로 한다. 추후 분쟁을 막기 위하여 현지 인증된 번역 사무실에서 프랑스어와 영어로 번역하여 숙지하는 것이 바람직하다.

알제리는 아직까지 인프라가 잘 구축되지 않은 국가이다. 부동산 계약이 1년 단위로 이루어지기 때문에 필히 사무실과 숙소를 구하기 전, 해당지역 통신 영업점에 들려 전화회선 여유분이 있는지, 핸드폰이 내부에서 잘 터지는지 등을 확인해야 한다. 단수가 되는 경우도 빈번하여 집 자체 물탱크가 있는지 충분한 용량인지, 생활과 업무에 필요한 사항들을 꼼꼼히 확인하고 계약해야 한다. 외국방송을 시청하기 원하는 경우, 위성 안테나 설치가 쉬운지, KBS월드와 BBC, CNN 등의 채널이 잘 수신되는지 확인하고 나오도록 요구해야 해외 정보와 뉴스를 접할 수 있다. 하지만 계약하고 들어와 살다 보면 약속과는 다르게 미비된 사항이 많다. 따라서 부동산중개업소의 적극적인 협조를 얻기 위해, 합의된 내용에 따라 수도, 통신 등의 설치와 실내공사가 완료될 때까지 중계료와 임대료 지급을 보류하는 것이 좋다. 그 외 각종 공과금이 2~3개월 후에 청구되므로 기존 수도, 전기, 가스 등의 미터기와 공과금 지불 영수증을 확인할 필요가 있다.

전기 가스요금 고지서 확인법

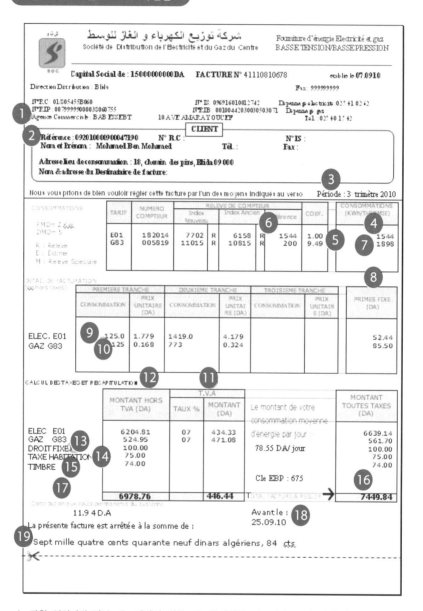

1. 관할 영업지점 정보 2. 계약자 정보 3. 분기정보 4. 전기 KWh 사용량
5. Gas 및 LPG 사용 계수(thermal unit m') 6. 실측 또는 예상 표기 7. 가스 사용량 계수
8. 할인액 9. 전기 사용량 10. 가스 사용량 11. VAT 12. VAT전 금액 13. 국세
14. 지방세(주거세) 15. 인지세 16. 총액 17. 시스템 개선 기여금 18. 납부기한

출처 http://www.sdc.dz/spip.php?article18 (전기 가스요금)

2) 사무용품 및 집기

알제리는 아직까지 리스 및 랜탈제도가 대중화되지 않아 사무용기기 임대가 힘들며, 한국처럼 쉽게 주문해서 구입할 수 있는 여건도 아니다. 2008년 당시만 해도 대형마트조차 없었기에, 설립업무를 진행하며 주방용품, 청소용품, 전자제품, 컴퓨터 등을 여기저기 돌아다니며 단품으로 하나씩 직접 구입했었다. 모든지 시간이 걸렸고 몸도 항상 피곤했다.

하지만 알제리도, 서구 생활방식을 받아들이는 추세니, 이제는 그런 걱정을 하지 않아도 된다. 2009년 Cevital 그룹에서 UNO라는 대형 체인점 마트를 만들었고, 2011년 알제공항 인근 Bab Ezzouar 대형 쇼핑몰이 건설되었다. 2012년에는 힐튼호텔 소유주가 Ardis라는 마트까지 힐튼호텔 옆에 개장하였다. 예전과 달리 필요한 생필품과 전자제품 및 주방 용품까지 한곳에서 모두 구입할 수 있다. 또한 사무용품 전문편의점 'Techno'들도 곳곳에 생겨나 업무환경이 많이 개선되었으나 아직까지는 수도나 대도시에만 해당되기에 지방부임의 경우 기본 사무용품, 생필품, 식도구 등은 사전에 준비하는 것이 바람직하다. 이와 관련하여 우야히야(Ouyahia) 총리는 2009년 5월 12일 총리령 09-182호를 통해 하이퍼 마켓 또는 대형 슈퍼마켓에 대한 규정을 명시하였고 매장 면적의 30% 이상을 알제리 상품으로 진열할 것을 의무화하고 300㎡를 초과하는 경우 시내에 설치할 수 없게 하여 아직까지는 약간의 제약이 있다.

대형마트가 생겼어도 가구는 마트에 없기에 가구점을 필히 돌아다녀야 한다. 필요 물품이 많지 않을 경우 시내 가구점에서 쉽게 단품으로 구입하면 되고, 물량과 품목이 많을 경우 알제 인근 40분 거리인 블리다(BLIDA)의 가구단지를 방문하는 것도 나쁘지 않다. 가구단지라 하여도 큰 가구점들에 불가하고 물량이 항상 부족하기에 한 매장에서 모든 가구를 맞추는 것은 쉽지 않다. 하지만 시내 상점보다는 선택의

• bab ezzouar 쇼핑몰(좌)
• Bab ezzouar 쇼핑몰 내 대형마트(Uno)(우)

폭이 넓으니 필요 목록을 잘 준비하여 숙소와 사무실을 단번에 세팅하는 것도
시간과 노동을 아끼는 방법 중 하나이다.

알제리는 산업이 없고 자체 생산하는 제품들을 찾아보기 힘들다. 공산품의
대부분을 수입에 의존하다보니 한국보다 2~3배 비싸며 품질도 좋지 못하다. 시
간과 여유가 된다면, 부임시점에 맞춰 해외운송을 통하여 업무와 생활필수품을
미리 준비하는 것도 좋은 방법일 수 있다. 하지만 알제리는 운송과 통관에 소요
되는 시간이 길어, 해외 운송을 준비한다면 옷 가방에는 방습제를 넣고, 인스턴
트 식품을 준비한다면 따로 포장하는 것이 바람직하다.

3) 통신설치 및 우편제도

지사와 법인 명의의 전화선을 개통하려면 사무실 임대계약서, 대표자 신분
증, 지사 설립확인서 혹은 법인의 사업등록증을 준비하여 해당지역 알제리통신
(알제리 텔레콤 algerie telecom) 영업점에서 신청양식을 작성하고 보증금만 납부하
면 큰 지장없이 설치가 가능하다. 개인도 체류증(Carte de sejour)과 거주 증명서
(임차 계약서, 고지서 등)만 준비하면 어려움 없이 개통이 가능하다. 하지만 설비
노후로 통화 음질이 좋지 못하고 회선부족으로 지역에 따라 개통까지 장기간 대
기하는 경우가 있다. 요금제는 영업지점에 문의하거나 알제리통신 홈페이지
(www.idooom.dz)에서 확인할 수 있다.

이동통신은 오레두(Ooredoo, 前 네즈마(Nedjma)), 모빌리스(Mobilis), 제지
(Djezzy) 3사가 있다. 오레두는 쿠웨이트 와타니아(Wataniya Telecom) 자회사로
전화번호가 05로 시작하고 모빌리스(Mobilis)는 알제리통신에서 운영하는 이동통
신사로 전화번호가 06으로 시작한다. 전화번호가 07로 시작하는 제지(Djezzy)는
이집트 오라스콤(Orascom Telecom)의 알제리 계열사(Orascom Telecom Algerie,
"OTA")에서 설립하였으나, 2009년 11월 17일 미화 5.96억불(USD) 세무조정을
받아 알제리 정부와 협상 끝에 2014년 4월 18일 미화 2.64억불(USD)에 지분
51% 양도를 합의하였다. 알제리도 타 국가와 같이 여러 이동통신 요금제가 존재
하나 선불 충전식(prepaid)이 신분증만으로 약정 없이 개통이 가능하기에 널리 선
호되는 편이다. 개통 후 통화충전 방법은 카드를 구입하여 카드에 적힌 비밀번호
를 서버에 전화하여 입력하는 방법과 플랙시(FLEXY) 간판이 있는 충전지점에 들
려 충전하고픈 금액을 지급하는 방법이 있다. 생각과 다르게 알제리에 스마트 폰

이용자는 많으나 와이파이 (Wi-Fi) 지역 밖에서는 접속 속도가 느리다. 하지만 우정규제기관(ARPT/Autorité de Régulation de la Poste et des Télécommunications – http://www.arpt.dz)은 2013

이동전화 충전소 Flexy 표시 및 시중판매 통화 충전카드

• 플렉시 간판(좌)   • 제지 충전카드(우)

년 10월 14일 이동통신 3사에 3G 임시 라이센스를 부여하며 통신 수준은 꾸준히 발전하고 있다.

현재 알제리 인터넷은 ADSL 방식으로 전화선 설치가 필수이다. 전화번호 및 회선을 배정받지 못하면 인터넷 설치가 불가능하기 때문에 임대계약 전 해당 지역 알제리통신 영업점에 회선 여유가 있는지 확인을 해보는 것이 바람직하다. 인터넷 신청시 업무용 또는 가정용 중에 선택해야 한다. 저자가 체류할 당시 최대속도는 2M.byte로 느린 편이었다. 하지만 현재는 가정용이 8M.byte까지 출시되어 5,000디나(DA) 수준으로 가격이 형성되어 있고 기업용은 20M.byte까지 출시되어 65,000디나(DA) 수준으로 비싼 편이었다.

알제리의 우편제도는 체계가 잘 갖춰지지 않아 알제 시내 배송도 평균 2주 이상 소요되며 분실이 자주 발생하기에 외국기업 및 대사관들은 운송사를 통하거나 개인택시를 이용하여 직접 배달시키는 경우가 많다. 외국에서도 이를 인지하여 알제리로 발송을 할 경우 특송사를 주로 이용한다. 알제리에서 한국으로 특송할 경우 전화하여 픽업 서비스를 요청하거나 영업점에 방문하여 배송의뢰를 하면 된다. 배송까지 근무일 기준 평균 약 5~7일이 소요된다.

주요 특송 업체 연락처는 아래와 같다.

운송사	전화	팩스
DHL	021 23 01 01 / 021 23 04 04	021 23 95 55
FEDEX	021 69 33 33	021 63 33 33
EMS	021 42 30 93 / 021 42 30 94	021 42 30 93
UPS	021 23 04 60	021 23 03 04

4) 교통

알제공항에 도착하여, 숙소까지 대중교통을 이용해서 가기 원해도 안내 업무가 공항 내로 한정되어 모르는 경우가 많다. 가령 알려준다 하여도 버스를 갈아타며 원하는 목적지까지 가는 것이 외국인에게는 쉬운 일이 아니다. 호텔로 이동할 경우 공항 호텔안내 부스에서 셔틀버스 운행정보를 확인한 후 이용하면 편리하나, 시간이 맞지 않을 경우 택시를 이용해야 한다. 대부분의 택시는 거리와 상관없이 알제 시내에 한하여 통상 2,000다나(DA) 수준의 요금을 요구하기에 터무니없는 요금을 제시하지 않는 한 크게 흥정할 필요는 없다.

알제시는 프랑스 독립 이후 기존 기반시설을 그대로 쓰고 있는 실정이어 당시 마차 도로를 지금의 차량 도로로 쓰고 있다는 말도 나온다. 2001년 알제시 등록차량 대수는 20만대인 데 반해 2011년 초에는 150만대까지 늘었다. 또한 주택에는 주차장이 없어 업무상 차량이 필요함에도 차량 활용이 쉽지 않다. 저자의 주재원 부임 당시 출퇴근 시간만 정체되던 것과는 달리 최근에는 종일 막히는 경우가 빈번하다. 실제 1.5km되는 거리를 30~40분 걸려 가는 경우도 많다. 알제리의 교통 특징으로는 신호등을 찾기가 어렵다. 현지인들은 테러 때문에 차량이 신호로 정지되어 있는 상황에서 폭탄테러가 일어나는 것을 예방하기 위한 조치라고 한다. 하지만 신호등이 없는 교차로에서 차가 엉키면 하염없이 기다려야 한다. 한국에서는 주택가 골목길 정도가 알제리에서는 보조간선 도로로 사용되고 대부분의 도로가 협소하고 일방통행로가 많다. 당초 왕복차선도 교통체증 해소를 위해 일방통행으로 바꾸는 경우가 많고 출퇴근 시간 때면 교통경찰이 한쪽 차선을 막고 일방통행으로 만드는 등 현재 기반시설로는 교통량을 해소하기는 어렵다. 또한 알제리의 주택들은 지형을 그대로 사용해서 집을 짓기 때문에 언덕길이 많고 대부분의 차량도 수동기어로 한국 운전자들이 운전하기는 쉽지 않다.

알제리에서 운전자들의 의사 표시는 차량 전조등(헤드라이트)이나 손으로 한다. 앞에 있는 차량에게 먼저 지나가라고 하거나 고맙다는 표시로 전조등을 3~4번 키고 뒤에 있는 차에게 고맙다고 할 때는 창문 밖으로 손을 들어 고마움을 표현한다.

알제리 대중교통 노선도

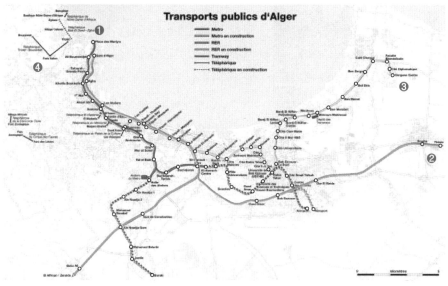

① (metro): 지하철(점선 추진중)   ② (RER): 고속철 (점선 추진중)
③ (tram): 전차   ④ (telepherique): 케이블카 (점선 추진중)

출처 : google/위키피디아

   알제의 첫 지하철 사업은 1928년으로 거슬러 간다. 하지만 계획만 있을 뿐
이뤄지지 않는다. 이후 1970년대 말 급격한 인구증가와 대중교통에 대한 필요성
을 인식하고 1980대에 착공을 시작했으나 재정 마련의 어려움과 테러 등 안정
문제로 인해 지연된다. 그러다 2003년 다시 사업에 착수하여, 2011년 10월 31
일 부테플리카 대통령이 공식적으로 준공을 선언하여 바로 다음날 운영에 들어
갔다. 근래까지 알제의 대중교통은 버스가 전부여서 활용이 어려웠으나, 2011년
5월 8일부터 첫 트램(tram)노선과 같은 해 11월 1일 11.6km 길이와 14개 정거
장을 갖춘 지하철 1호선이 개통되었다. 이후 연장선이 2015년 7월 5일 개통되
어 운영되고 있다. 현재는 2호선을 개발 중에 있으며, 지하철 사업에는 지금까
지 많은 한국 기업들도 참여하였다. 알제리 지하철은 매일 새벽 5시부터 밤 11
시까지 운영하며, 매일 8만명이 이용한다. 전차(Tram) 노선은 뤼소(Ruisseau)에서
시작하여 버스터미널을 지나 데르가나(Dergana)까지 운행을 한다. 2012년 7월에
도입된 전차와 지하철 단일 요금제에 따라 운행요금은 70디나(DA)이며 10장

• 트램 사진

(Carnet)씩 구입할 경우 600DA이다.

이집트 카이로 이후 아프리카 2번째 지하철인 알제 1호선은 2011년 11월 1일 개통되어 그랑드 포스트(Grande Poste)부터 하이 엘 바드르(Haï El Badr)까지 운행을 시작하였으며 2015년 7월 4일부터는 엘 하라슈 성트르(El Harrach Centre)까지 노선이 연장되었다. 하이 엘 바들(Hai El Badr) ─ 아인 나자(Ain Naadja) 및 (그랑드 포스트(Grande Poste) ─ 쁠라스 데 마르티르(Place des Martyrs) 연장선은 완공 예정이며, 엘 하라슈 성트르(El Harrach Centre) ─ 우아리 부메디엔(Houari Boumediene) 공항 노선은 2020년 개통을 목표로 하고 있다. 알제리 정부는 현 9.5km의 그랑드 포스트(Grande Poste) ─ 하이 엘 바들(Hai El Badr) 알제 지하철 1호선 구간을 2025년까지 총 54km로 확장할 계획을 밝힌 바 있다.

버스 요금은 30디나(DA) 수준으로 저렴하지만 저녁 7시 이후로는 운행이 거의 없는 단점이 있고 정거장 표시도 잘 되어 있지 않아 지리를 잘 모르는 외국인의 경우 이용에 어려움이 따른다. 보행자가 고속도로를 횡단하고 버스도 정거장이 없는 자동차전용 도로에서 정차를 하는 등 알제리 교통 체계와 문화를

1932년 알제 지하철 언론보도
자료: 위키피디아

• 지하철 역(상)
• 지하철 내부(하)

알제리 지하철 사업 참여 한국 엔지니어링 업체

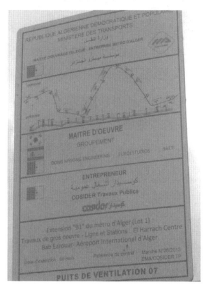

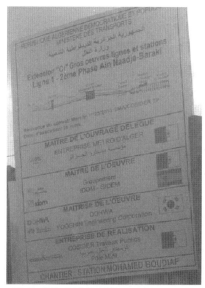

• 1호선 확장 B1으로 엘 하라슈 센터(El Harrach Centre)에서 공항(Bab Ezzouar/ Aeroport)까지 연결된다. 알제리-스페인-한국(동명) 컨소시엄에서 수주하여 시공감리를 수행

• 1호선 확장 C1으로 아인 나자(Ain Naadja에서 바라키(Baraki)까지 연결된다. 한국의 도화와 유신에서 수주하여 시공감리를 수행

이해하는 데에는 많은 시간이 필요하다.

　지방 이동은 대중교통이 적고 아직까지는 테러가 잔존하기 때문에 불편하더라도 육로보다 항공편을 이용하고 도착하여 지방 택시를 타거나 직접 운전하기보다 기사가 포함된 현지 랜트카를 이용하는 것이 상대적으로 안전하다. 알제와 지방 거점 도시인 오랑(Oran), 안나바(Annaba), 콘스탄틴(Constantine), 바트나(Batna)를 오가는 항공편은 매일 있으나 연발착이 잦아 시간을 두고 출장 경로를 잡아야 한다. 또한 한국에서 알제리항공(Air Algerie) 국내선은 홈페이지에 접속이 자주 끊기고 카드 결제가 가능하다고는 하나 예약하기 어렵기에 대행할 현장, 지사, 또는 법인이 없을 경우 거래선에 직접 부탁하거나 코트라 사무소의 도움을 받아야 할 때도 있다.

　택시는 공용택시(taxi collective)와 일반택시로 분류할 수 있다. 공용택시는 같은 방향의 승객들과 합승하기에 요금이 저렴하고 이동 구간이 정해져 있어 택시가 아닌 마을버스로 생각하면 편하다. 하지만 부임 초기에는 테러에 대한 공포 때문에 모르는 현지인과 택시에 합승하는 것이 꺼려질 수 있어 현지 환경에 적응될 때까지 보류하는 것이 바람직하다. 통상 거리를 다녀도 택시를 잡기가 쉽지 않다. 대부분 미터기가 없고, 외국인에게는 적게 나올 요금도 흥정하여 높게 부르는 경우가 많으나, 유연하게 대처할 필요가 있다. 저자가 경험한 상당수의 콜택시는 외국인 가격이 내국인 가격보다 비쌌다. 일반적으로 공항에서 시내까지 약 2,000디나(DA), 시내 이동 시 500~1,000디나(DA) 수준으로 업무상 여러 번 이동하면 2,000~3,000디나(DA)는 금방 나오게 된다. 콜택시를 반나절 이상 이용하거나 여러 곳을 다닐 경우 소형차량 랜탈 서비스가 금전적으로 유리할 수도 있다.

대부분 수도 알제에 체류하는 한인들은 주재원들로 낮에는 영업과 행정업무로 외부이동을 하고 저녁시간은 업무상 식사 약속이 잡히는 경우가 빈번하여 결국 업무용이든 개인용이든 차량구입이 필수일 수밖에 없다. 다행히 산유국이다 보니 휘발유 가격이 저렴하고 차량 보유에 따른 보험료 및 유지비도 합당한 선이다.

차량 구입시 취약한 교통안전과 한국 이미지를 고려하여 국산 중형차를 생각하게 되나, 수입 물량이 없기에 구매가 어렵고 수리를 요할 시 부품조달이 힘들기에 포기하는 경우가 대부분이다. 실제로 국산 중대형 차량을 운영하던 일부 지사는 부품을 구하지 못해 차를 배에 실어 프랑스까지 건너가 수리하고 돌아오는 웃지 못할 상황도 발생하였다. 결국 한국기업의 이미지를 고려하여 국산 차량을 운영코자 한다면 현지에서 좀 더 대중적이고 부품 조달에 무리가 없는 국산 SUV 차량을 이용할 수밖에 없고 현실적으로도 그렇게 변하는 추세이다.

보편적인 중형 차량은 대부분 인접한 유럽에서 수입되며, 대형 고급차종을 운영하는 회사들도 많다. 알제리에서 부품 조달이 잘 되고 회사 업무용으로 보편적인 차량은 폭스바겐 파사트(PASSAT)과 퓨조 508 모델을 뽑을 수 있고 가격대도 국산 SUV(산타페)급과 비슷하기에 현재로서는 한국 기업들로부터 가장 많이 이용된다.

알제리는 자동차 수입물량이 부족하여 출고까지 3~4개월을 대기하는 경우가 많아 한동안 장기랜탈을 이용할 수밖에 없다. 랜탈 시세는 업체마다 다르나, 중형차의 경우 부가세별도 하루 10,000디나(DA) 선이고 소형의 경우 6,000디나(DA) 선이다. 가격에는 운전기사, 주류대, 보험료 및 차량관리가 포함되어 있다. 회사 소유자산이 아니기에 불필요하면 해지만 하면 되고, 기사와 불화가 생기면 교체를 요청하면 된다. 또한 차량 유지관리도 업체에서 해주기에 신경 쓰지 않아도 되며, 깨끗한 차량을 편히 이용할 수 있다. 이를 고려하여 차량을 구입하지 않고 계속 랜탈로만 운영하는 지사와 법인도 있으나 단기간 임대 시에는 중형기준 하루 12,000디나(DA) 이상의 비싼 가격이 단점이기도 하다.

현재 한국인이 알제에서 자주 이용하는 랜트카 회사는 디 오션 카(The Ocean car 전화: 05 50 57 74 89, 메일: faridcar1975@yahoo.fr)로, 초기 진출 시 대금을 법인/지사 설립 후로 미루어 주고, 타 지방 랜탈도 무상으로 조사해주는 서비스를 제공한다. 가격은 타 업체와 비슷하나 초기 진출 외국기업들의 편의를 잘 봐주기에 선호되는 업체 중 하나이다. 현지 출장 등 견적을 요할 경우 전화나 메일로 문의가 가능하나, 단점으로는 행정이 느리고 답신도 상당 시간을 요하는 불편함이 따른다.

5) 교육환경

영미계 국제학교(International School)가 근래까지 없어 어린자녀를 둔 주재원들은 아랍어나 프랑스어로 교육하는 현지학교나 프랑스계 사립학교에 자녀를 입학시켜야 했다. 하시만 고학년의 자녀를 둔 주재원들은 현지 교육환경이 좋지 못해 회사에서 가족동반을 허용하여도 가족과 떨어져 홀로 생활하며 대부분 가족과 자녀를 인근 제3국으로 유학을 보내는 경우가 많았다.

알제리의 국립학교는 일반적으로 4학년부터 프랑스어를 수강하고, 8학년(중2)부터 영어를 수강하기 시작한다. 프랑스어가 통용어이긴 하나, 정부의 아랍화정책에 따라 모든 교육이 아랍어로 이루어지기에 자녀를 둔 부모로서는 민감하지 않을 수 없다. 미흡하긴 하나 아랍어/프랑스어 교육을 병행하는 사립초등학교가 다수 생겼고 2002년에는 프랑스 교육부에서 인가한 알렉산드르 듀마(Alexandre Dumas) 국제 중고등학교가 개교하여 예전보다는 환성이 좋아진 편이다. 또한 2016년 8월 23일 미국 국제학교(www.aisalgiers.org)가 알제에 개교하였다. 현재 유치부 1년과 초등학교 6년 과정이 운영되고 초등학교 기준 학비는 약 미화 25,000불(USD) 수준이라 접하였다. 알제리 교육환경도 예전과 비교하여 점차 좋아지고 있어 예전만큼 큰 걱정은 하지 않고 국제학교에 자녀를 진학시킬 수 있게 되었다.

프랑스 알렉산드르 듀마 국제학교
(Lycée International Alexandre Dumas)
주소 : Chemin Arezki Mouri,16030 Ben Aknoun, Alger
전화번호 : 021 91 15 95 - 021 91 15 38 - 021 91 15 43
팩스번호 : 021 91 36 75
이 메 일 : administration@liad-alger.fr
입학신청 : inscriptions@liad-alger.fr
홈페이지 : www.liad-alger.fr

알제 미국 국제학교(American International School of Algiers)
주소 : 05 bis Chemin Mackley, Ben Aknoun 16030 Alger
전화번호 : 213 (0) 21 796 303
입학신청 : admission@aisalgiers.org
홈페이지 : www.aisalgiers.org

2. 지사(연락사무소), 법인, 고정사업장

　현재 알제리는 정보교류가 활발하지 못하고 인터넷을 통한 정보는 한정되기에 현지동향과 입찰정보를 파악하기 위해 아랍어와 프랑스어로 작성된 신문을 꾸준히 확인해야 하며, 매번 정보를 찾아 관공서를 직접 찾아가야 하는 불편함이 있다. 그렇다고 정보가 필요할 때마다 컨설팅 업체에 문의하고 알제리 출장을 준비할 수 없기에, 입찰이 나오기 전 영업 및 동향파악을 위하여 여러 업체들은 현지에 사무소를 두고 있으며, 진출을 고려하는 업체들도 늘었다.

　수주 또는 계약체결 후 사업장을 두고 진출하면 좋겠으나, 그렇지 못할 경우 연락사무소(지사) 또는 법인설립을 두고 고민해야 된다. 법인과 지사는 각기 다른 성격이어서 전략에 따라 진출 방향이 달라질 수밖에 없다.

　연락사무소는 순수 영업목적으로, 법인보다 설립과 운영이 수월하고 철수 시 정리가 쉽다. 수주를 하여도 지사는 계약체결 권한이 없기에 본사와 체결할 수밖에 없고, 법적으로도 회계와 세무에 대한 의무가 없어 현지직원 사회보장과 소득세만 납부하면 된다.

　법인은 현지회사를 설립하는 것으로 지사처럼 강한 외국인 고용저지는 덜하나, 알제리 측의 지분 과반수 의무가 있어, 특정 사업이 아닌 경우, 운영에 있어서 현지 파트너와 불화 시 위험이 존재한다. 2009년 7월 22일 발표된 보완 재정법은 "외국 투자자는 알제리 회사와 파트너 형식으로 진출할 수 있으며, 알제

▌지사, 법인 현장사무소 간략 구분

구분	고정사업장 (Etablissement Permanent)	연락사무소 (Liaison Office)	법인 (Joint Venture)
특징	한시적(프로젝트) (당해 영리활동 가능)	시장조사 (영리활동 제한)	온전 경제활동 주체
근거법	세법	상법	상법
주무관청	세무서	상공부	상업등기소
설립 소요기간	2~3개월	약 3~4개월	약 4개월
등록직원 (체류증 취득)	전원(block visa 內)	외국인 1~2인	전원(승인 시)
적용범위	건설현장 등 프로젝트성 상주	시장조사, 영업, EP 관리 등	투자사업, 기타
자본금	프로젝트 계약서에 명시	3만불(USD) (보증 예치금)	SPA(주식회사): 100만 디나(DA) SARL(유한책임회사): 10만 디나(DA)
세무회계 (개인소득별도)	원천징수(IBS 24%) 또는 실질과세(vat 등)		실질과세(vat, 법인, 직업활동, 배당세 등)
등록비용	–	150만 디나(DA)	자본금에 따라 차등
장단점	신속설립 청산용이 준공 후 대안 필요	단순 세무회계 상주인원 제한 영리활동 제한	현지업체와 합작의무(51:49) 설립·세무 행정 복잡

리회사는 최소 51%의 지분을 소유할 의무가 있음"을 명시한다. 이런 규정은 진출코자 하는 업체에게 민감할 수밖에 없으나, 분야와 업종별로 적용범위가 상이할 수 있어 법인 설립을 준비할 경우 세밀한 검토가 필요하다.

　건설현장 등 실행성 프로젝트의 경우, 고정사업장(EP: établissement permanent/PO: Project office) 등록으로 사업기간 중 행정업무, 회계정산 등 운영에 필요한 기본적인 기능을 수행할 수 있다. 원칙적으로 순수 해당 프로젝트 외에 타 목적으로 자금집행을 금하고 있고 계약종료 6개월 후 고정사업장 및 연계된 은행계좌들이 자동으로 폐쇄된다. 하지만 아직까지 프로젝트와 직접적인 연관이 없는 지사운영, 영업, 회사홍보, 간담회(접대) 비용 등의 경비집행이 인정받지 못했다는 사례는 접하지 못했다.

　알제리는 타 국가에 비해 법규적용이 잘 이루어지지 않고 담당자 해석에 따라 행정절차가 달라지고, 업무가 수월했다가 힘들어지기도 하고, 힘들었다가 수월해지기도 한다. 진출을 검토 중이면, 산업분야, 수주범위, 지역행정 등을 충분히 조사하여 초기진출의 위험요소를 줄여야 안정적인 정착을 할 수 있다.

1) 법인

알제리도 여러 법인형태가 존재하지만 일상적으로 설립되는 법인은 한정된다. 기본적으로 알제리는 Spa, Sarl, Eurl 형식을 활용한다.

-Spa(Société Par Action)는 주식회사로, 공기금이 사용될 경우 최소 자본금은 7백만
디나(DA)며, 공기금이 투입되지 않을 경우 1백만 디나(DA)이다. 주주총회와 이사회 주
최 의무가 있으며, 회계 감사를 선임해야 한다. 최소 주주 7명을 충족해야 하는 번거로
움이 있으나, 공기금으로 설립될 경우 이를 면제받는다. 또한 3번째 영업연도부터 타 형
식의 법인으로 변경이 가능하다.
-Sarl(Société à responsabilité limitée)는 유한책임 회사로, 최소 자본금은 10만 디나
(DA)이며 1주 가격은 1,000디나(DA)로 Spa와 달리 최소 의무 주주인원은 없으나 최대
20명을 넘어서면 안 된다. 혹시라도 주식의 양도/증여로 인하여 최대인원이 초과될 경우,
1년 내 법인 형식을 Spa로 변경해야 한다. 2011년 재정법 66조에 의거하여 회계감사 지
정이 의무화되었으나, 매출액이 1,000만 디나(DA) 미만인 경우 면제를 받을 수 있다.
-Eurl(société Unipersonnelle à responsabilité limitée)은 Sarl과 흡사한 성격의 개
인회사로, 주주가 1명인(기업 or 개인) 기업이다. 이는 변경된 2009년 보완 재정법의 외
국기업의 알제리 진출 시 현지지분 과반수 의무로, 예전에는 가능했으나 현재는 불가능
한 설립형태이다.

기본적인 위의 3가지 설립형태 외에도 SCS, SNC, SCA, 등 여러 방식의 법
인이 존재하고 영업계획, 관련분야, 진출시점 등에 따라 유리한 조건 역시 달라
지기에 법률과 현안을 잘 아는 전문 회계 또는 법무법인 및 등록을 대행하는 공
증인과 상의하여 결정하는 것이 바람직하다.

알제리에서 법인 설립을 위해서는 여러 업무를 동시에 진행해야 한다. 기본
적으로 회계감사를 선임하고 현지에 임시 은행계좌개설 후 자본금을 송금해야
하며 사무실을 구하고 직접등록이 불가하기에 대행해 줄 공증인을 우선적으로
찾아야 한다.

알제리의 생활언어는 프랑스어지만, 행정언어는 아랍어이기에 법인정관, 사
무실 임차계약서, 설립양식 서류들을 아랍어로 꾸며야 한다. 불행인지 다행인지

∎ 절차도

❶ Denomination(법인명 등록)	❷ 사무실 임차계약/본사 주소지 등록
- Bordj Kiffen에 위치한 CNRC(상업등기소) 법인명 신청 ▸ 4개의 법인명을 선정하고 약 3~4일 후 가능 명칭을 확인하고 등록	- 공증인/회계감사 섭외 - 법인명의로(필수) 사무실 임차계약 ▸ 회사 정관, 주주 신분증/출생증명
❸ 정관작성/자본금 납입(2번과 동시 진행)	❹ 사업등록증 발급
- 정관준비서류(공증인 작성) ▸ 사무실 임차계약서, 주주 출생증명/신분증 사본(법인일 경우 사업등록증, 정관 및 이사회/대표이사 출생증명 및 무범죄 증명) ▸ 설립법인 특별 주주총회(설립결의, 이사회 구성, 대표이사 선임 등) ▸ 법인 회계감사 섭외확인→승인 letter - 자본금 납입 증명(주거래 은행) ▸ 법인 설립까지 임시계좌에 납부 및 증명서 발급	- 준비서류 ▸ 신청서, 사무실 임차계약서, 법인정관, Boal (Bulletin Officiel des Annonces Légales) 등록 사본, 법인설립 신문공고(Avis) 사본, 주주 및 이사 출생증명/무범죄증명, 인지세 4,000디나(DA), 등록비 납부 영수증 등
❺ 세무카드(Carte Fiscale) 발급	❻ NIS (numéro d'identification statistique) 발급
- 준비서류 ▸ 신청서, 사업등록증, 정관, 법인명 사무실 임차계약서 등	- Alger Centre에 있는 Office National des Statistiques(ONS) 방문 NIF 발급 ▸ 세무카드, 사업등록증, 정관, 법인장 신분증, 위임장 등 준비
❼ 은행계좌	
- 준비서류 ▸ 사업등록증, 세무카드, 정관, Boal 등	

* 법인 등록에 필요한 Boal 등록, 상호명(denomination), 사업자 등록(inscription)신청서는 상업등기소 홈페이지(http://www.cnrc.org.dz/fr/src/formulaire.php)에서 다운로드 가능.

관습 및 행정상 모든 공문서는 공증인이 작성하고 BOAL(Bulletin Officiel des Annonces Legales) 등록을 대행한다. 결국 공증인의 업무진행 속도에 따라 법인설립 시점이 빨라지기도 하고 느려지기도 한다. 모든 행정 업무가 완료되면 해당지역 상업등기소(CNRC: centre national de registre de commerce, www.cnrc.org.dz)에 법인 상호명 및 영업(사업등록증)을 등록하고 세무서에서 세무카드(Carte d'identification Fiscale)를 발급받은 후 Office National des Statistiques(ONS) 세무번호(NIF:

• 자본금 납입증명 예시(은행발급)

• 사업등록증 앞   • 사업등록증 뒤

Numero d'identification Fiscale)를 부여받으면 된다.

　모든 해외서류들은 알제리 대사관의 공증을 받아야 하며, 시간과 비용은 대사관 홈페이지에서 확인할 수 있다. 기본서류 외에 추가서류들은 공증인(notaire)에 따라 많이 좌우되기에 같이 상의하여 준비해나가면 된다. 공증인이 누구냐에 따라 서류를 추가로 요구하기도 하고, 제출의무가 있는 서류가 누락되어도 선진행해주기도 한다. 필히 정확한 서류목록을 합의하고 법인설립 출장 전 준비토록 해야 중간에 서류가 없어 난처해지는 상황을 막을 수 있다.

　법인설립 공고는 신문사에 따라 공고가능일과 요금의 격차가 존재하기에 공증인에게 위임하는 것이 현명하고 선임을 했으면 행정 대기기간이 길다고 중간에 변경하기보다 믿고 따르는 것이 업무진행에도 좋다. 사업등록 및 발급비용은 사업등기소 홈페이지(http://www.cnrc.org.dz/fr/tarifs/index.html)에 간략하게

▌ 사업자 등록 발급 비용

자본금	등록비용
30,000~100,000디나(DA)	9,120디나(DA)
100,001~300,000디나(DA)	9,520디나(DA)
300,001디나(DA)~	9,760디나(DA)
분소 설립	8,960디나(DA)
변경	3,360디나(DA)
자본금 증자: 10,000~50,000디나(DA)	3,520디나(DA)
자본금 증자: 50 001~100 000디나(DA)	3,920디나(DA)
자본금 증자: 100,001디나(DA)~	4,160디나(DA)
청산-말소	2,080디나(DA)

설명하고 있으니 필요할 경우 참고하면 된다.

해외에 법인을 설립할 경우 자본금 송금 시 외국환거래법에 따라 외국환은행장에게 해외투자 신고 및 각종 보고하는 것을 원칙으로 하고 일부 서류를 제출하여야 한다.

공동제출서류

- 해외직접투자 신고서.
- 거래외국환은행 지정(변경) 신청서
- 사업계획서(지침서식 제9-1호)
- 납세증명서
- 사업자등록증 사본
- 주민등록등본: 투자자가 개인 및 개인사업자인 경우

투자자 확인서류

- 개인사업자: 사업자등록증 사본, 주민등록등본, 납세완납증명서 등
- 개인: 주민등록등본, 납세완납증명서 등
- 법인: 사업자등록증 사본, 납세완납증명서 등

기타제출서류

- 금전대차계약서: 현지법인에게 상환기간 1년이상 금전을 대여하는 경우
- 합작계약서: 외국자본(비거주자)과 합작투자인 경우
- 현물투자명세표: 현물투자인 경우
- 전문평가기관, 공인회계사 등의 평가의견서: 취득예정 현지법인 주식 또는 지분의 액면 가액과 취득가액이 상이한 경우
- 해외자원개발사업법 및 해외건설촉진법에 의한 신고필증: 해외자원개발사업 및 건설업 투자인 경우

사내 금융부서에 문의하면 자세한 도움을 받을 수 있으리라 생각하며 필요시 은행 담당 창구에서 상담과 조언을 받고 제출서류들을 확인할 수 있다. 해외 법인이 설립된 후에도 증권취득보고 및 매년 결산 때마다 해외투자 결과에 대한 보고를 해야 한다.

[별지 제9-1호 서식]

<table>
<tr><td colspan="6" align="center">해외직접투자신고서</td><td colspan="2" align="center">처리기간</td></tr>
<tr>
<td rowspan="5">신
고
인</td>
<td>상　　　　　호</td>
<td>(주)XX건설</td>
<td colspan="2">사 업 자 등 록 번 호</td>
<td colspan="2">XXX－XX－XXXXX</td>
</tr>
<tr>
<td></td><td></td>
<td colspan="2">법 인 등 록 번 호</td>
<td colspan="2">XXXXXX－XXXXXXX</td>
</tr>
<tr>
<td>대　　표　　자</td>
<td>홍길동 (인)</td>
<td colspan="2">주 민 등 록 번 호</td>
<td colspan="2">XXXXXX－XXXXXXX</td>
</tr>
<tr>
<td>소　　재　　지</td>
<td></td>
<td colspan="4">전화번호 : 02－XXXX</td>
</tr>
<tr>
<td>업　　　　　종</td>
<td colspan="5">종합건설업(F45)</td>
</tr>
<tr>
<td rowspan="9">해
외
직
접
투
자
내
용</td>
<td>투　자　국　명</td>
<td>알제리</td>
<td colspan="2">소　　　재　　　지</td>
<td colspan="2">알제리, 알제</td>
</tr>
<tr>
<td>투　자　방　법</td>
<td>자본금 출자</td>
<td colspan="2">자　금　조　달</td>
<td colspan="2">(주)XX건설 자기자금</td>
</tr>
<tr>
<td>투　자　업　종</td>
<td>건설수주</td>
<td colspan="2">주　요　제　품</td>
<td colspan="2">태양광 발전소 건설 등</td>
</tr>
<tr>
<td>투　자　금　액</td>
<td>XXXX DA
(USD XXXXX)</td>
<td colspan="2">출　자　금　액</td>
<td colspan="2">XXXX DA
(USD XXXXX)</td>
</tr>
<tr>
<td>투　자　비　율</td>
<td>30%</td>
<td colspan="2">결　　산　　월</td>
<td colspan="2">12월</td>
</tr>
<tr>
<td>투　자　목　적</td>
<td colspan="5" align="center">영업 및 수주활동</td>
</tr>
<tr>
<td>현 지 법 인 명
(영　　　　　문)</td>
<td colspan="5" align="center">XXXX XX SPA (총자본금 : U$ XXXXX)</td>
</tr>
</table>

재경부장관 귀하
(외국환은행의 장)
외국환거래법 제18조의 규정에 의거 위와 같이 신고합니다.

년　　　월　　　일

<table>
<tr><td rowspan="3">위와 같이 신고되었음을 확인함</td><td>신 고 번 호</td><td></td></tr>
<tr><td>신 고 금 액</td><td></td></tr>
<tr><td>유 효 기 간</td><td></td></tr>
</table>

신고기관 : 재정경제부장관

(외국환은행의 장)

210㎜ × 297㎜

〈첨부서류〉 1. 사업계획서(자금조달 및 운영계획 포함)
2. 합작인 경우 당해 사업에 관한 계약서
3. 외국환거래법 시행령 제7조 제1항 제4호에 규정한 금전의 대여에 의한
　해외직접투자인 경우에는 금전대차계약서
4. 해외투자목적물이 해외주식인 경우, 당해 해외주식의 가격적정성을 입증할
　수 있는 서류
　※ 업종은 통계청 한국표준산업분류표상 세세분류코드(5자리) 및 업종명을 기재
　※ 출자금액란에는 액면가액과 취득가액이 상이한 경우 액면가액을 기재

유 의 사 항

1. 본 신고 금액은 외국환은행의 장의 확인을 받아 투자(송금)하되 투자(송금)후 즉시 동 사실을 관계증빙 첨부하여 당행에 보고하여야 함

2. 본 신고 내용을 변경하고자 할 경우에는 「외국환거래규정」 제9−5조제3항에 의거 신고기관에 해외직접투자 내용변경 신고를 하여야 함. 다만, 투자자의 상호·대표자·소재지(주소, 전화번호 등), 현지법인명, 현지법인 소재지를 변경하는 경우에는 즉시 신고기관에 통보하여야 함

3. 「외국환거래규정」 제9−9조에 의거 다음의 보고서를 당행에 제출할 것
   (1) 외화증권(채권)취득보고서(현지법인 및 개인기업 설립보고서 포함)
       : 투자금액 납입 또는 대여자금 제공 후 6월 이내
   (2) 연간 사업실적보고서: 회계기간 종료 후 5월 이내
       : 투자금액이 미화 100만불 이하인 경우 연간 사업실적보고서는 현지법인 투자현황표로 대신할 수 있음

4. 결산 후 배당금은 전액 현금으로 국내로 회수하거나 인정된 자본거래로 전환할 수 있음

5. 다른 법령에 의하여 허가 등을 요하는 경우에는 그 허가 등을 받아야 함

6. 본 신고 후 「신용정보의이용및보호에관한법률」에 의한 금융거래 등 상거래에 있어서 약정한 기일 내에 채무를 변제하지 아니한 자로서 종합신용정보집중기관에 등록된 자로 규제될 경우 또는 조세체납의 경우 신고금액중 미송금액은 그 효력을 상실함

2) 지사(연락사무소)

지사설립은 법인과 달리 상업등기소가 아닌 상공부(ministère du commerce)를 통해야 한다. 상공부에 지사설립 의사를 표하면 지사설립 신청 양식을 보내준다. 양식과 함께 모기업 정관, 지사개설 이사회 의사록, 지사장 임명장 등 요청서류들을 준비해야 하고, 사무실 마련 후 같은 기간 내 알제리에서 CEDAC(외환 convertible 계좌)를 개설하여 지사 등록비를 송금받고 별도로 보증금을 예치해야 한다. 2015년 11월 9일 26 Moharram 1437(JO (Journal Officiel) N° 62 du 25 Novembre 2015) 규정에 의하여 2016년부터 CEDAC(외환 convertible 계좌) 계좌에 최초예치 미화 5,000불(USD) 이상, 기존 지사 등록세 10만 디나(DA)에서 150만 디나(DA)로, 보증금 미화 2만불(USD)에서 3만불(USD)로 상향되었다.

모든 작업이 끝나면 상공부에 서류를 제출하여 허가를 받고 지방 세무서에 등록을 신청하면 된다. 전례를 보아, 통상적으로 지사설립은 준비시점부터 약 3~4개월이 소요된다. 지사 설립을 계획하고 있다면 업무를 번복하지 않기 위하여 준비목록에 있는 서류들은 출국 전 작성 완료하는 것이 바람직하다. 또한 알제리는 우편 시스템이 좋지 못하여 분실 위험이 있으니, 가능한 직접 방문하여 담당자와 면담 후 서류를 제출하는 것이 좋다. 제출서류는 통상적으로 큰 틀에서 벗어나지는 않겠으나 담당자에 따라 약간씩 상이할 수는 있다.

- 대표이사 지사설립 요청문(자율양식)
- 지사설립 신청양식(참조)
- CEDAC계좌 개설증명(설립 시 최소 예치 미화 5,000불(USD))
- 미화 3만불(USD) 보증금 예치 확인서
- 150만 디나(DA) 등록 인지세 납부 확인서
- 회사 정관 번역 공증본
- 지사 설립/지사장 임명 이사회 결의서
- 지사 사무실 임차 계약서
- 지사장 임명장, 지사장 이력서, 공증된 여권 사본 등

해외지사 설치는 법인과 유사하게 지정거래외국환 은행의 신고 대상이다. 송금 내역이 모두 관세청, 국세청 및 금융감독원에 보고되어 감시되고 국내 본사 관할세무서에 보고된다. 사후 관리는 신고 후 6개월 내 현지법규에 의한 등

록증 등 지사 설치를 확인할 수 있는 서류를 첨부하여 설치완료 보고를 하고 해
당연도 종료일부터 2개월 내 지정거래외국환은행에 연도별 영업활동 상황보고
서를 제출해야 한다.

간략 지사설립 요청문(자율양식, 신청자 작성 서식)
문서번호: XXXXXXXX

Lettre d'Intention

Ministère du Commerce.
Direction de l'Organisation des Activités Commerciales
46 Bd Mohamed V. 16 000 Alger

Fait à Séoul, le 날짜

Objet: Ouverture de Bureau de liaison (알제리 지사설립)

Je Soussigné monsieur 대표이사 성명, Président Directeur Général de 회사명 dont le siège social est situé au 회사주소, République de la Corée, fait par la présente une demande d'ouverture d'un bureau de liaison en Algérie. (대한민국 서울 소재의 xx회사의 xxx 대표이사이며 지사개설을 요청드립니다.)

Notre entreprise, 회사명 est spécialisée dans les domaines suivants: (당사는 아래 분야를 전문으로 하고 있습니다.)
  → 회사 전문분야 나열

Avec une expansion de notre entreprise sur le marché international, nous désirons s'implanter sur le marché Algérienne. Cela soutiendra l'accroissement de notre entreprise, mais espérons aussi contribuer à l'industrialisation et au développement économique de l'Algérie. (당사 해외시장의 성장으로 알제리시장에 도 관심을 가지게 되었으며, 알제리 진출로 당사의 성장과 알제리의 경제 및 산업발전 에 기여하길 희망합니다.)

En souhaitant recevoir un avis favorable de vos services, Madame, Monsieur, nous vous prions d'agréer, l'assurance de nos meilleures salutations. (정중 인사)

대표이사 서명 / 회사직인

———————————————————

대표이사 성명 / Président Directeur Général
회사명

지사설립 신청양식 sample

REPUBLIQUE ALGERIENNE DEMOCRATIQUE ET POPULAIRE
MINIST RE DU COMMERCE

FORMULAIRE POUR L'OUVERTURE
D'UN BUREAU DE LIAISON EN ALGÉRIE

1 – IDENTIFICATION DE L'ENTREPRISE :

* Raison sociale : 회사명

* Statut juridique : 회사형식 (주식회사 Spa, 유한책임회사 Sarl)

* Date de création : 설립일자

* Adresse : 주소

* Télex n° ou adresse mail : fax 번호, Email

* Objet social (résumé) : 회사 목적 (건설업, 환경, 장비업 등)

* Activités principales: 주 업종 (종류별 등)

* Activités secondaires : 추가 업종

* Adresse du Bureau de Liaison : 알제리 내 지사 주소
* Directeur du bureau de liaison :

− Nom et prénoms: 지사장 성명 (Hong Gil Dong)

− Fonction dans l'entreprise : 직위 역할 (Représentant en Algérie)

* Principaux actionnaires de l'entreprise :

Actionnaires	Part dans le capital social	Pays
주요 주주명	지분/주식 수	국적

* Principaux dirigeants :

Nom et Prénoms	Fonction	Nationalités
주요 운영진/ 이사 (이사회)	직함, 직책	국적

* Appartenance de l'entreprise à un groupe : (si oui, nom et nationalité du groupe).

그룹사의 경우 그룹명, 그룹의 종속 국가 명시

* Existence de filiales (si oui, remplir le tableau suivant):

Dénomination sociale	Activités	Implantation (villes et pays)
주요 계열사 명	업종	소재지

2- INFORMATIONS COMMERCIALES ET FINANCIERES: 영업 및 재무 정보

Rubriques	Année(N 연도)	Année(N-1)	Année(N-2)
- Capital social(총 자본금) - Capital propre(자기자본) - Résultats bruts(총 이익) - Fonds de roulement(운전자금) - Chiffre d'affaires(매출액)			
- TOTAL			

* RÉFÉRENCES :

A L'ETRANGER : 해외 지사, 법인, 실적

EN ALGERIE : 알제리 내 실적

Nature des opérations réalisées	Opérateur	Date
알제리 내 사업	발주처/운영기관	날짜

Je soussigné 대표이사 성함

fonction: 직함 (Président & Directeur Général), atteste l'exactitude des renseignements communiqués ci-dessus. (위 내용이 사실임을 확인합니다.)

Fait à Séoul Corée du Sud, le 날짜

Signature légalisée
서명, 회사직인

3) 고정사업장(EP: Etablissement Permanant, PO: Project Office)

고정사업장을 설립한다는 것은 실행성 프로젝트를 준비하는 것으로, 수주가 이루어졌고 프로젝트 진행이 시작되었음을 의미한다. 설립을 위한 필요 서류를 준비하여 중앙 세무서(DGE: Direction des Grandes Entreprises)에 제출하면 된다. 중앙세무서(DGE: Direction des Grandes Entreprises)는 외국 회사들과 대기업 전용 창구역할도 담당한다. 업무가 아닌 프로젝트별로 담당자가 정해져 있어, 필요 시 협조받기도 쉽다. 대부분의 고정사업장 및 외국법인 담당자들은 중앙세무서 (DGE: Direction des Grandes Entreprises) 2층 Sous Direction des Hydrocarbures 부서에 위치하고 있어, 정착 초기에 담당자를 찾아가 서로 인사하고 업무방식을 공유하길 권장한다.

서류를 잘 준비하였다면 빠른 시일에 설립을 완료할 수 있으며, 승인이 완료 되면 고정사업장 설립인증(Attestation d'existence)과 세무카드(Carte d'identification Fiscale)를 발급받게 된다. 제출서류 중 한국에서 발급된 모든 문서는 법인과 지 사와 같이 알제리 대사관에서 프랑스어 번역공증을 받아야 하고 설립에 필요한 서류는 잘 준비하여 1층 Bureau de l'ordre에 제출하면 된다.

DGE에서 PE설립시 제출요청서류 목록

DIRECTION DES GRANDES ENTREPRISES

SOUS DIRECTION DE LA FISCALITE DES HYDROCARBURES

DOSSIER A FOURNIR :

✓ UNE DEMANDE DATEE ET SIGNEE
✓ FORMULAIRE D'IDENTIFICATION série G8 } Délivrés par la Structure
✓ DECLARATION D'EXISTENCE série G59
✓ STATUT DE L'ENTREPRISE LEGALISE PAR LES SERVICES CONSULAIRES POUR LES ENTREPRISES ETRANGERES : 1 original + 1 copie
✓ REGISTRE DE COMMERCE LEGALISE PAR LES SERVICES CONSULAIRES POUR LES ENTREPRISES ETRANGERES : 1 original + 1 copie
✓ BAIL DE LOCATION : en double exemplaire
✓ COPIE DES CONTRATS ET AVENANTS (DATES ET SIGNES): en double exemplaire
✓ NUMERO DE COMPTE INR/CEDAC
✓ ORDRE DE SERVICE
✓ DESIGNATION DU REPRESENTANT LEGAL DE L'ENTREPRISE (article 149 du Code des Impôts Directs)
✓ SPECIMEN DE SIGNATURE DU REPRESENTANT LEGAL
✓ TRADUCTION DE TOUS LES DOCUMENTS EN LANGUE FRANCAISE POUR LES ENTREPRISES ETRANGERES.
✓ ATTESTATION DE RESIDENCE FISCALE DE L'ENTREPRISE POUR LES PAYS CONVENTIONEES

EP 설립을 위해 필요한 서류

- 요청공문
- G8 및 G59 신청양식
- 정관 알제리 대사관 공증본(원본+사본)
- 사업등록증 알제리 대사관 공증본(원본+사본)
- 알제리 내 사무실 및 주거 계약서(wilaya 공증 사본 2개)
- 사업 계약서(wilaya 공증 사본 2개)
- 알제리 내 CEDAC/INR 계좌 증명
- 착공 지시서(NTP, ODS: Ordre De Service)
- 대표자 임명장/이사회 선임
- 대표자 서명 증명(회사 공문양식)
- 외국문서 불어번역 필수
- 세무협약국 업체는 attestation de residence fiscale 제출
  *담당자마다 상의하여 컨소시엄 협약서/대표자 위임장/체류증/노동 허가증/여권 등 기타서류 별도 준비

G8양식 sample

MINISTÈRE DES FINANCES

DIRECTION GÉNÉRALE
DES IMPÔTS

DIRECTION DES GRANDES
ENTREPRISES

الجمهورية الجزائرية الديمقراطية الشعبية
REPUBLIQUE ALGERIENNE DEMOCRATIQUE ET POPULAIRE

Date de Réception
....
제출일자 작성하지 말 것

DÉCLARATION D'EXISTENCE
Souscrite par un contribuable relevant de :

(1) { - Impôt sur les bénéfices des sociétés (I.B.S)

- Impôt sur le revenu global (I.R.G)

Série G 8 2003

Nom et prénoms ou raison sociale :. 회사명 ....

Dénomination commerciale : 상호명 .... Tél : 전화번호 ......N° C.C.P. Ou bancaire : 계좌번호 ......

Adresse du siège social : 본사주소 ....N° Registre du Commerce : 사업자 번호

Adresse de l'établissement en Algérie (Sociétés étrangères)(2) : 알제리 주소 ....

Qualité du déclarant : propriétaire-Locataire-Gérant libre-Gérant (1) :. 신고자 직책/직급 ....

Date de Début de l'activité : 사업시작일자 ....

FORME JURIDIQUE DE L'ENTREPRISE
(Rayer les mentions inutiles)

- Entreprise individuelle
- Société de fait
- Société en nom collectif
- Association en participation
- Société civile professionnelle
- Société à responsabilité limitée
- Société par action

- Société coopérative
- Entreprise public
- Etablissement public
- Société d'économie Mixte
- Unité économique locale (Wilaya ou Commune)
- autres : ....

- Sociétés étrangères : indiquer la forme juridique 회사형태(주식회사/협동조합/공기업 등)

Nature de l'activité principale : 주요/핵심 사업 ....

Autres activités secondaires : 기타 사업 ....

Adresses des autres établissements : 계열사 - 기타 사무소 주소 ....

....

....

Lieu ou est tenue la comptabilité : . 회계업무지 ....

Nom et adresse du comptable : 회계사명 및 주소 ....

(1) Rayer les mentions inutiles.
(2) Pour les sociétés étrangères, joindre une copie conforme à l'original du ou des contrats de travaux ou d'études

Certifié exact par le déclarant soussigné qui reconnaît avoir été mis au courant de ses obligations fiscales.

La présente déclaration doit être déposée dans les 30 premiers jours du début de l'activité auprès de l'Inspection des Impôts Directs compétente.

A 작성지 ......, Le 작성일자 ....
(signature).

작성자 성명 및 회사직인

G59 신청양식

Série G n°59

DEMANDE D'IMMATRICULATION D'UNE PERSONNE MORALE
DE DROIT ETRANGER

Partie réservée au contribuable

RAISON SOCIALE : 회사명
SIGLE
FORME JURIDIQUE : 회사형태(주식회사 등)
ADRESSE DU SIEGE :
본사 주소

DATE DE LA PREMIERE INTERVENTION EN ALGERIE : 알제리 진출일자
Nom et prénom du représentant légal : 책임자 성명
QUALITE • 직책
DATE DE NAISSANCE : l l l l ll lll   LIEU DE NAISSANCE : 출생지
(.l l J / M M / AAAA) 생년월일(일-월-년)
ADRESSE EN ALGERIE : 알제리 주소
N° TEL. : 전화번호   N° FAX : 팩스번호   EMAIL :
ADRESSE AU PAYS D'ORIGINE • 한국(국내) 주소
OBJET DU CONTRAT: 계약명
DATE DE SIGNATURE • 계약일자
DUREE DE CONTRAT : 계약기간
ADRESSE 계약/프로젝트 주소

DESIGNATION DU CO-CONTRACTANT : 계약자(발주처)
SIEGE 본사주소
REPRESENTANT DU CO-CONTRACTANT 책임자
NOMBRE DE CONTRATS ET/OU DE PERIMETRES : 계약 수/범위
LOCALISATION DES CONTRATS ET/OU PERIMETRES : 계약 위치/범위

N. B : Dans la mesure ou le contrat /le périmètre constitue un sujet fiscal distinct, procéder à son immatriculation en tant qu'unité.

Visa du demandeur :   Date : 작성일자

책임자(대표자) 성명
서명/직인

Partie réservée à la Direction de l'Information et de la Documentation   작성하지 말 것

ANNEE D'INSCRIPTION AU REGISTRE DID : l l l l l

CODE DU PAYS D'ORIGINE : l l l l

NUMERO D'ORDRE AU REGISTRE DID : l l l l l l l l l

Numéro d'Identification Fiscal (NIF) : 3 l l l l l l l l l l l l l l l l l l l l l l l l l
                                      Code EE ANC- RDID   CPAYS   NORD – RDID   CC   W   NORD - U

Visa de la DID :   Date :

Certificat d'existance

REPUBLIQUE ALGERIENNE
DEMOCRATIQUE ET
POPULAIRE

MINISTERE DES FINANCES

DIRECTION GENERALE
DES IMPOTS

Série C n° 20

CERTIFICAT

DIRECTION DES GRANDES
ENTREPRISES

Sous Direction des Hydrocarbures

Le Sous Directeur des Hydrocarbures, soussigné certifie que le
est recensée au niveau de la Direction des
Grandes Entreprises sous le :

N.I.S

T.I.N

Demeurant à
Exerçant l'activité
du 12/11/2008 suivi sous le régime de droit commun, à l'exception de la TAP qui demeure à la charge des inspections des impôts à compétence locale.

MOTIF : Déclaration d'existence.

Le présent certificat est délivré à sa demande pour servir et valoir ce que de droit.

A Alger, le 09/02/2009
Le Sous Directeur de la fiscalité des Hydrocarbures

3. 체류절차

외국인은 노동허가증(permis de travail)을 취득해야 알제리에서 근무가 가능하고 추후 체류증을 신청하고 발급받을 수 있다.

노동허가증은 고용주가 해당직원 명의로 알제리에서 임시노동허가를 발급받는 것으로 시작한다. 발급된 임시노동허가증을 본국 알제리 대사관에 제출하고 노동비자를 수령 후 알제리에 입국하여 노동허가증을 신청하면 된다. 다소 시간이 걸리나, 노동허가증과 체류층 취득은 절차에 따라 해당기관 요청대로 준비하면 된다.

1) 해외인력 사전승인(Block Visa)

다수인력이 필요한 사업장(건설현장, 공장 등)은 해외 소요 인력을 노동과(Direction de l'Emploi)에 사전승인 받아야 한다. 사업에 필요한 외국인력은 노동과로부터 총 인원과 공종별 쿼터를 승인받고 인원현황은 정기적으로 점검을 받는다. 필요에 의해 한 공종의 쿼터를 초과하여 외국 근로자가 필요한 경우 총인원 한도가 넘지 않는 범위 내에서 여유가 있는 다른 공종 근무자로 신고하는 등 우선적으로 총인원을 넘지 않도록 관리하고 가능한 허가된 할당을 지키도록 해야 한다.

결국 해외 인력 운영에 있어서 쿼터를 소요인원보다 넉넉하게 승인받는 것이 인력운영 문제를 예방하는 가장 적절한 방법인 듯하다. 그렇기 위해서는 사업 정착 단계부터 관련기관 담당자와 친분을 다지고 지속적으로 사전 협의하는 것이 바람직하다. 담당자 요청에 따라 필요 서류가 추가로 요구될 수 있으나 일반적으로 사전승인에 필요한 서류는 다음과 같다.

▌ Block Visa 준비 서류

컨소시엄 협약서(Accord de Groupement) (있을 경우)

정관 공증본(Status de l'entreprise)

사업등록증(Registre de Commerce)

컨소시엄일 경우 A업체 to B업체 위임장 (Procuration)

블록비자 신청서(Demande d'un accord de Principe)

직종별 필요 인력 현황표(Liste des moyens Humain)

블록비자 신청근거 – 공사일정/인력동원계획표
(Dossier justifiant la demande d'un accord de principe)

발주처/원청사 공문(Supporting letter)

사회보장세 완납 증명(Certificat de mise a jour de CNAS)

사업/공사 계약서(Contrat du Projet)

착공 지시서 NTP(ODS: Ordre de Service)

직종별 인력현황표 예시
DIRECTIONDEL'EMPLOIDELAWILAYAD'ALGER
(EMPLOYMENTDIRECTORATE WILAYA OF ALGIERS)

Date:제출일자

		Profil (경력사항)	Expatriés (외국인)	Algérien (알제리인)	Quantité (총인원)
1	Chef de projet (Project Manager)	Plus de 15 ans d'expérience avec une parfaite connaissance de taches, un excellent sens de la gestion et de l'initiative, expérience dans la fabrication et l'installation de caisson. (More than 15 years of experience and perfect knowledge of functions, excellence in management and initiative, experience in caisson manufacturing and installation)			
2	Interprète (Interpreter)	Licence de traduction anglais français coréen, plusde 05 ans d'expériences, maitrise de l'outil informatique, anglais courant. (A DEGREE OF TRANSLATION ENGLISH FRENCH KOREAN MORE THAN 05 YEARS OF EXPERIENCE command of computer tool, fluent English)			
3	Technicien Planning, méthodeset ré alisation (Planning, methods and realization technician)	Diplôme d'ingénieur, 7 ans d'expérience avérée, une solide connaissance théorique et pratique dans la gestion de l'avancement des chantiers, qualifié dans la planification de projet et avec des connaissances avérées dans la gestion des dépenses, anglais courant. Degree of engineer, 7 years of relevant experience, sound experience and practice of sites progress management, skill at project planning, and knowledge of expenses, fluent English			

		Profil (경력사항)	Expatriés (외국인)	Algérien (알제리인)	Quantité (총인원)
4	Ingénieur génie civil (Civil engineering engineer)	Diplôme universitaire, plusde 10 ans d'expérience, avec de solides connaissances dans le domaine, expérience des chantiers étrangers, anglais courant. (Graduate from university, more than 10 years of experience, sound knowledge inthefield, experience in foreignsites, fluent English)			
5	Ingénieur civil (Civil engineer)	Diplôme universitaire, plus de 05 ans d'expérience, avec de solides connaissances dans le domaine, expérience des chantiers étrangers, anglais courant. Graduate from university, more than 5 years of experience, sound knowledge in the field, experience in foreign sites, fluent English			
6	Ingénieur supervieur (Surveyor engineer)	Diplôme universitaire, plus de 10 ans d'expérience, avec une solide connaissance dans le domaine, expérience des chantier sétrangers, anglais courant. Graduate from university, more than 10 years of experience, sound knowledge in the field, experience in foreign sites, fluent English			
7	Assistant superviseur (Surveyor assistants)	Diplôme universitaire, plus de 5 ans d'expérience, avec une solide connaissance dans le domaine, expérience des chantiers étrangers, anglais courant. Graduate from university, more than 5 years of experience, sound knowledge in the field, experience in foreign sites, fluent English			
8	Ingénieur tuyauterie (Piping engineer)	Plus de 15 ans d'expérience avérée, connaissance des taches, compétent dans la gestion des risques(prévision, identification et jugement), expérience de l'installation, anglais-français courants. More than 15 years of relevant experience, knowledge of functions, competent in risk solution(forecasting, identification and evaluation), experience in installation, fluent English-French			
9	Superviseur tuyauterie (Piping supervisors)	Plus de 15 ans d'expérience avérée, connaissance des taches, compétent dans la gestion des risques(prévision, identification et évaluation), expérience dans l'installation, anglais-français courants. More than 15 years of relevant experience, knowledge of functions, competent in risk solution(forecasting, identification and evaluation), experience in installation, fluent English-French			
10	Assistant tuyauterie (Piping assistants)	Diplôme d'ingénieur, plus de 10 ans d'expérience, connaissance de la gestion d'équipement mécanique, compétence dans la gestion des ressources humaines, anglais courant. Degree of engineer, more than 10 years of experience, knowledge and management of mechanical equipment, competence in human resources, fluent English			

		Profil (경력사항)	Expatriés (외국인)	Algérien (알제리인)	Quantité (총인원)
11	Ingénieur de contrôle de qualité (Quality control engineer)	Diplôme d'ingénieur, 5 ans d'expérience avérée, connaisances et aptitudes dans le Q/S, spécialiste dans la gestion de contrat et le contrôle des quantités, anglais courant. Degree of engineer, 5 years of relevant experience, knowledge and skill at Q/S, specialist at contract and quantity management, fluent English			
12	Superviseur de matériel (Material supervisors)	Plus de 15 ans d'expérience avérée, connaissance des taches, compétent dans la gestion durisque(prévision, identificationet jugement), expérience dans l'installation, anglais-français courants. More than 15 years of relevant experience, knowledge of functions, competent in risks olution(forecasting, identification and evaluation), experience in installation, fluent English			
13	Responsable des équipements lourds Heavy equipment smanager	Plus de 15 ans d'expérience avérée dans l'opération des engins, expérience des chantierset des pratiques, connaissance parfaite du manuel des engins concernés et compétent dans la reconnaissance préalable de l'état d'opérartion des engins concernés, anglais courant. More than 15 years of experience in operating the relevant machines, experience in sites and practices, perfect knowledge of the instructions book for the relevant equipments and competent in the previous recognition of the operating condition of the relevant equipments, fluent English			
14	Superviseur d'entretien de grosengins Heavy equipments upkeep managers	Plus de 7 ans d'expérience, maintenance et entretien d'équipement lourd, compétence dans la gestion des ressources humaines, anglais courant. More than 7 years of experience, heavy equipment maintenance and upkeep, competence in human resources management, fluent English			
15	Superviseur des équipes(Peinture) Shifts supervisor (Painting)	Diplôme d'ingénieur, 5 ans d'expérience avérée, connaisances et aptitudes dans le domaine, anglais courant. Degree of engineer, 5 years of relevant experience, knowledge and skill atthefield, fluent English			
16	Grutier (Crane & H.Equip operators)	Diplôme de technicien, plus de 5 ans d'expérience dans le dédouannement du matériel lourd et delevage, français et anglais courants, esprit d'intégrité, responsabilité et confiance. Degree of technician, more than 5 years of experience in customs clearance rigging & heave Equipment work, fluent French and English, spirit of sincerity, responsibility and trust			
17	Conducteur(Caravane/Camion) (Trailer/Truck/Comm on Driver)	Diplôme de technicien, plus de 5 ans d'expérience de dédouannement du matériel lourd et delevage, français et anglais courants, esprit de d'intégrité, responsabilité et confiance. Degree of technician, morethan 5 years of experience in customs driver work, fluent French and English, spirit of sincerity, responsibility and trust			

		Profil (경력사항)	Expatriés (외국인)	Algérien (알제리인)	Quantité (총인원)
18	Monteur d'échafaudages des équipements des unités (Unitse quipments scaffolding assembler)	Plus de 5 ans d'expérience avec connaissance avérées des taches, expérience dans la fabrication de caisson sur équipements pétroliers, compétent dans la prévision, identification et mesure des situations de crise. More than 5 years of experience and knowledge of functions, experience in caisson manufacturing for petrol eumequipments, competent in forecasting, identification and measurement of critical issues			
19	Monteur d'équipement de construction métallique Monteur (Metal structures assembler)	Plus de 5 ans d'expérience avec une connaissance des taches, expérience de fabrication decaisson sur équipements pétroliers, compétent dans la prévision, identification et mesure situations de crise More than 5 years of experience and knowledge of functions, experience in caisson manufacturing on petrol eumequipments, competent in forecasting, identification, and evaluation of critical issues			
20	Contrôleur matériaux (Material controller)	Diplôme universitaire, expérience dans l'achat du matériels et leurs dédouanement, plus de 5 ans d'expérience avérée, anglais-français courants, solides connaissances des matériels. Graduate from university, experience in equipments purchase and customs clearance, more than 5 years of relevant experience, fluent English & French, sound knowledge of materials			
21	Superviseur de site (Field superintendent)	Plus de 10 ans d'expérience, expérience avérée des chantiers concernant les bases de vie, compétence dans la gestion des ressources humaines, anglais courant. More than 10 years of experience, rich experience in sites related to base camp, excellent in human resources management, fluent English			
22	Comptable DFC(Direction Financière et Comptable) Accountant FAM(Finance & Accounting Manager)&Admin.	Diplôme universitaire, plus de 10 ans d'expérience avérée, de solides connaissances des comptes, anglais courant, spécialiste des comptes et des logiciels, aptitudes dans la gestion des comptes du projet. Graduate from university, more than 10 years of relevant experience, sound knowledge of accounts, fluent English, specialized in accounts, administratives and software system, qualified in charge of project accounts & administratives			
23	Chef de chantier (Labor Control Manager)	Plus de 10 ans d'expérience, expérience avérée des chantiers de base de vie, compétence dans la gestion des ressources humaines, anglais courant. More than 10 years of experience, rich experience in sites related to base camp, excellent in human resources management, fluent English			
24	Supervieur des équipes(Plâtrier) (Group supervisor (Plasterers))	Plus de 5 ans d'expérience avérée, connaissance des taches, compétent dans la gestion de risque(prévision, identificationet jugement) More than 5 years of relevant experience, knowledge of functions, competent in risk solving(forecast, identification and evaluation)			

		Profil (경력사항)	Expatriés (외국인)	Algérien (알제리인)	Quantité (총인원)
25	Superviseur des équipes(General) (Group supervisor (General))	Plus de 10 ans d'expérience avérée, diplôme de technicien, l'esprit d'initiative et de la communication, anglais courant. More than 10 years of relevant experience, degree of technician, competence in initiative and communication, fluent English			
26	Superviseur des équipes(Armature) (Group supervisor(Rebar))	Plus de 10 ans d'expérience avérée, diplôme de technicien, l'esprit d'initiative et de la communication,anglais courant. More than 10 years of relevant experience, degree of technician, competence in initiative and communication, fluent English			
27	Superviseur des équipes(Forme) (Group supervisor(Form))	Plus de 10 ans d'expérience avérée, diplôme detechnicien, l'esprit d'initiative et de la communication, anglais courant. More than 10 years of relevant experience, degree of technician, competence in initiative and communication, fluent English			
28	Superviseur des équipes(Béton) (Group supervisor(Con'C))	Plus de 10 ans d'expérience avérée, diplôme de technicien, l'esprit d'initiative et de la communication, anglais courant. More than 10 years of relevant experience, degree of technician, competence in initiative and communication, fluent English			
29	Supervieur des équipes(Ingénieurde montage d'equipement) (Group supervisor(Rigger))	Plus de 10 ans d'expérience avérée, diplôme de technicien, l'esprit d'initiative et de la communication, anglais courant. More than 10 years of relevant experience, degree of technician, competence in initiative and communication, fluent English			
30	Superviseur électro-mécanique (Electro-mechanical supervisor)	Plus de 10 ans d'expérience, solides connaissances de la gestion de la boratoire de projet, expérience avérée des chantiers, anglais courant. More than 10 years of experience, sound knowledge in project laboratory management, experience in sites necessary, fluent English			
31	Soudeur de cuvettehomologué (Certified pit welders)	Plus de 10 ans d'expérience, compétent dans la soudure de plaque et de tuyau, homologué, homme intègre et avec un bon rendement, anglais courant. More than 10 years of experience, competent in plate and pipe welding, certified, man of sincerity and good performance, fluent English			
32	Monteur d'échafaudages des équipements des unités (Scaffolder for equipment)	Plus de 5 ans d'expérience avec des connaissances des taches, expérience dans la fabrication de caisson su équipements pétroliers, aptitudes de prévisions, identification et évaluation des situations critiques. More than 5 years of experience and knowledge of functions, experience in manufacturing of caisson on oil equipment, competent and forecast, identificationan devaluation of critical issues			

part
02

		Profil (경력사항)	Expatriés (외국인)	Algérien (알제리인)	Quantité (총인원)
33	Monteur tuyauteur (Pipe fitter)	Plus de 5 ans d'expérience avec une connaissance des taches, expérience dans la montage de caisson sur équipements pétroliers, aptitude de prévision, identification et mesure des situations de crise. More than 5 years of experience and knowledge of functions, experience in manufacturing of caisson on oil equipment, competent and forecast, identification and evaluation of critical issues			
34	Superviseur de sécurité HSE (HSE safety supervisor)	Diplôme d'ingénieur, plus de 5 ans d'expérience, solides connaissances avec 3 ans d'expérience des chantiers étrangers, anglais écrit nécessaire. Degree of engineer, more than 5 years of experience, sound knowledge and 3 years of experience in overseas sites, written English necessary			
35	Infirmier (Nurse)	cértifié, 5 ans d'expérience avérée, connaisance et aptitude dans le domaine, anglais courant. Certified, 5 years of relevant experience, knowledge and skilled in the field, fluent English			
36	Technicien TI (IT Worker)	Diplôme d'ingénieur, 5 ans d'expérience avérée, connaissance et aptitude dans ledomaine, anglais courant. Degree of engineer, 5 years of relevant experience, knowledge and skilled in the field, fluent English			
37	Cuisinier (Cook)	Plus de 10 ans d'expérience avérée, qualifié, ayant l'esprit d'initiative et le sens de la communication, anglais courant. More than10 years of relevant experience, certified, competence in initiative and communication, fluent English			
38	Contrôleur d'armature (Rebar Worker)	Plus de 5 ans d'expérience avec une connaissance approfondie des taches dans le domaine de la fabrication de caisson portuaire, aptitudes dans la prévision, identification et évaluation des situations de crise More than 5 years of experience in manufacturing portcaisson, competent in forecasting, identification and evaluation of critical issues.			
39	Charpentier (Carpenters)	Plus de 5 ans d'expérience avec une connaissance approfondie des tachesdans le domaine de la fabrication de caisson portuaire, aptitudedansla prévision, l'identification et l'évaluation des situations de crise More than 5 years of experience in manufacturing portcaisson, competent in forecasting, identification and evaluation of critical issues.			
40	Bétonier (Concreter)	Plus de 5 ans d'expérience avec une connaissance approfondie des taches dans le domaine de la fabrication de caisson portuaire, aptitude dans la prévision, l'identification et l'évaluation des situations de crise. More than 5 years of experience in manufacturing portcaisson, competent in forecasting, identification and evaluation of critical issues.			

		Profil (경력사항)	Expatriés (외국인)	Algérien (알제리인)	Quantité (총인원)
41	Maçon<Finisseur> (Bricklayers<Finisher>)	Plus de 5 ans d'expérience avec une connaissance des taches de maçonnerie, aptitude à la prévision, l'identification et l'évaluation des situations de crise. More than 5 years of experience and knowledge of functions and manufacturing of masonry, competentand forecast, identification and evaluation of critical issues			
42	Technicien d'imperméabilisation (Water proofter)	Plus de 5 ans d'expérience avec connaissance des taches de maçonnerie, aptitude à la prévision, l'identification et l'évaluation des situations de crise. More than 5 years of experience and knowledge of functions and manufacturing of masonry, competent and forecast, identification and evaluation of critical issues			
43	Carreleur (Tile Setter)	Plus de 5 ans d'expérience avec une connaissance des taches de maçonnerie, aptitude à la prévision,l'identification et l'évaluation des situations de crise. More than 5 years of experience and knowledge of functions and manufacturing of masonry, competent and forecast, identification and evaluation of critical issues			
44	Ingénieur de montage d'equipement (Rigger)	Plus de 5 ans d'expérience avec connaissance des taches de maçonnerie, aptitude à laprévision, l'identification et l'évaluation des situations de crise. More than 5 years of experience and knowledge of functions and manufacturing of masonry, competent and forecast, identification and evaluation of critical issues			
45	Plombier (Plumber)	Plus de 5 ans d'expérience avec connaissance des taches de maçonnerie, aptitude à la prévision, l'identification et l'évaluation des situations de crise, More than 5 years of experience and knowledge of functions and manufacturing of masonry, competent and forecast, identification and evaluation of critical issues			
46	Manoeuvres (Common labour)	Plus de 1 an d'expérience dans les chantiers de construction, bonne santé et homme intègre,suit les instructions, français courant. More than 1 year of experience in constructionsites, good health, and manofsincerity, conformstoin structions, fluent French			
	Grand Total		0	0	0
	Ratio				

블록비자 근거자료(인력 동원 계획표 작성 예시)

Planning d'Affectation de la Main d'oeuvre(인력 동원 계획)

Planning

Planning d' Affectation de la Main d' oeuvre

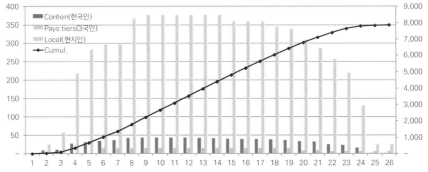

Légende : Coréen(한국인), Pays tiers(3국인), Local(현지인), Cumul.

Description	Total Agent/ mois	Y1												Y2												Y3	
		Jan	Fev	Mars	Avr	Mai	Juin	Jul	Aug	Sep	Oct	Nov	Dec	Jan	Feb	Mar	Apr	May	Jun	Jul	Aug	Sep	Oct	Nov	Dec	Jan	Feb
		1	2	3	4	5	6	7	8	9	10	11	12	13	14	15	16	17	18	19	20	21	22	23	24	25	26
Coréen(한국인)	615	-	9	11	27	32	35	43	44	44	44	44	44	43	42	41	40	40	39	37	34	33	25	23	16	2	2
Pays tiers(3국인)	197	-	-	-	1	1	15	15	15	15	15	15	15	15	15	15	15	15	15	9	9	7	7	7	7	7	7
Local(현지인)	5,228	-	25	58	219	283	296	297	367	377	377	377	377	377	377	359	359	359	344	339	309	287	256	220	131	25	25
Total	6,040	-	34	69	247	316	346	349	425	436	436	436	436	435	434	415	414	414	398	391	352	329	288	250	154	34	34

Description du Projet - 1

Planning des Travaux (1) (공사계획 1)

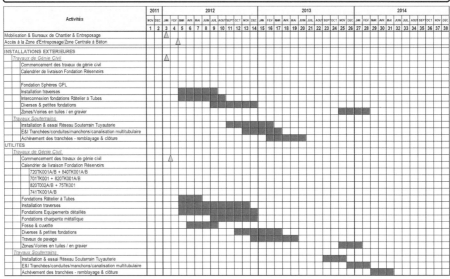

Activités :

- Mobilisation & Bureaux de Chantier & Entreposage
- Accès à la Zone d'Entreposage/Zone Centrale à Béton
- **INSTALLATIONS EXTERIEURES**
  - *Travaux de Génie Civil*
    - Commencement des travaux de génie civil
    - Calendrier de livraison Fondation Réservoirs
    - Fondation Sphères GPL
    - Installation traverses
    - Interconnexion fondations Râtelier à Tubes
    - Diverses & petites fondations
    - Zones/Voiries en tuiles / en gravier
  - *Travaux Souterrains*
    - Installation & essai Réseau Souterrain Tuyauterie
    - E&I Tranchées/conduites/manchons/canalisation multitubulaire
    - Achèvement des tranchées - remblayage & clôture
- **UTILITES**
  - *Travaux de Génie Civil*
    - Commencement des travaux de génie civil
    - Calendrier de livraison Fondation Réservoirs
      - 720TK001A/B + 840TK001A/B
      - 701TK001 + 820TK001A/B
      - 820T002A/B + 75TK001
      - 741TK001A/B
    - Fondations Râtelier à Tubes
    - Installation traverses
    - Fondations Equipements détaillés
    - Fondations charpente métallique
    - Fosse & cuvette
    - Diverses & petites fondations
    - Travaux de pavage
    - Zones/Voiries en tuiles / en gravier
  - *Travaux Souterrains*
    - Installation & essai Réseau Souterrain Tuyauterie
    - E&I Tranchées/conduites/manchons/canalisation multitubulaire
    - Achèvement des tranchées - remblayage & clôture

Description du Projet – 2

Planning des Travaux (2) 공사계획 2

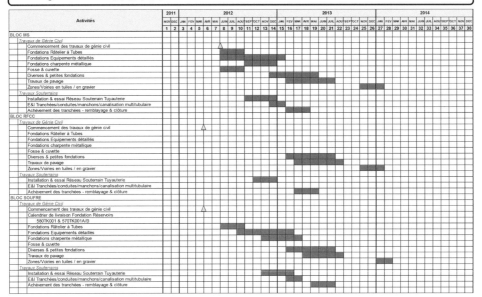

Activités

Colonnes temporelles : 2011 (NOV–DEC = 1–2) | 2012 (JAN–DEC = 3–14) | 2013 (JAN–DEC = 15–26) | 2014 (JAN–DEC = 27–38)

BLOC MS
- *Travaux de Génie Civil*
  - Commencement des travaux de génie civil
  - Fondations Râtelier à Tubes
  - Fondations Equipements détaillés
  - Fondations charpente métallique
  - Fosse & cuvette
  - Diverses & petites fondations
  - Travaux de pavage
  - Zones/Voiries en tuiles / en gravier
- *Travaux Souterrains*
  - Installation & essai Réseau Souterrain Tuyauterie
  - E&I Tranchées/conduites/manchons/canalisation multitubulaire
  - Achèvement des tranchées - remblayage & clôture

BLOC RFCC
- *Travaux de Génie Civil*
  - Commencement des travaux de génie civil
  - Fondations Râtelier à Tubes
  - Fondations Equipements détaillés
  - Fondations charpente métallique
  - Fosse & cuvette
  - Diverses & petites fondations
  - Travaux de pavage
  - Zones/Voiries en tuiles / en gravier
- *Travaux Souterrains*
  - Installation & essai Réseau Souterrain Tuyauterie
  - E&I Tranchées/conduites/manchons/canalisation multitubulaire
  - Achèvement des tranchées - remblayage & clôture

BLOC SOUFRE
- *Travaux de Génie Civil*
  - Commencement des travaux de génie civil
  - Calendrier de livraison Fondation Réservoirs
    - 580TK001 & 570TK001A/B
  - Fondations Râtelier à Tubes
  - Fondations Equipements détaillés
  - Fondations charpente métallique
  - Fosse & cuvette
  - Diverses & petites fondations
  - Travaux de pavage
  - Zones/Voiries en tuiles / en gravier
- *Travaux Souterrains*
  - Installation & essai Réseau Souterrain Tuyauterie
  - E&I Tranchées/conduites/manchons/canalisation multitubulaire
  - Achèvement des tranchées - remblayage & clôture

Description du Projet – 3

Planning des Travaux (3) 공사계획 3

Activités

Colonnes temporelles : 2011 (NOV–DEC = 1–2) | 2012 (JAN–DEC = 3–14) | 2013 (JAN–DEC = 15–26) | 2014 (JAN–DEC = 27–38)

ETP
- *Travaux de Génie Civil*
  - Commencement des Travaux génie civil
  - Fondations Râtelier à Tubes / Traverses
  - Réservoir d'eau pluviale
  - Fondations Equipements détaillés & Abris
  - Travaux souterrains
  - Unité de Traitement Biologique
  - Unités Equilibrage & DCI
  - Clarificateurs & Filtres de Lavage à Contre-courant Automatique
  - Section Dosage & Stockage Produits Chimiques
  - Unités DAF
  - Section Epuisement de l'Eau
  - Zones/Voiries en tuiles / en gravier

Progrès du Projet

Progrès du Projet (공사 진행계획)

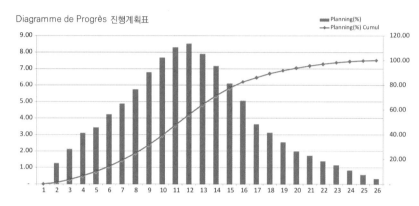

Diagramme de Progrès 진행계획표

Description	Y1												Y2												Y3	
	Jan	Feb	Mar	Apr	May	Jun	Jul	Aug	Sep	Oct	Nov	Dec	Jan	Feb	Mar	Apr	May	Jun	Jul	Aug	Sep	Oct	Nov	Dec	Jan	Feb
	1	2	3	4	5	6	7	8	9	10	11	12	13	14	15	16	17	18	19	20	21	22	23	24	25	26

2) 임시노동허가(autorisation de travail temporaire)

상용(Business)비자로 입국하여 임시노동 허가서를 신청하거나, 알제리 내 지사, 법인, 현장이 설립되었을 경우 서류를 받아 부임자를 대신하여 임시노동 허가를 신청하는 경우도 있다.

해당 근무자가 상용비자로 입국할 경우 통상 허용된 체류기간은 90일이다. 하지만 행정지연으로 임시노동허가증 발급이 지연될 경우 해당 도청(Wilaya) 외국인 사무소(Bureau circulation des etrangers, 알제 외 타지역은 사무소명이 다를 수 있음)에서 체류기간을 연장해야 한다. 비자 연장에 필요한 서류는 기업에서 발행한 체류연장 신청서 1부, 비자연장신청서 2부(Bureau circulation des étrangers 배부), 알제리 비자 사본 1부, 거주증명서 1부(APC 공증), 여권 사본 1부, 증명사진 2매이다. 통상 1달씩 연장해주며, 매주 일요일과 수요일 오전 8:30~11:30까지만 신청이 가능하며, 처리기간은 약 10일이 소요되기에 비자 만료기간을 확인하여 미리 신청해야 한다.

임시노동 허가 발급신청은 주재지역 도청(Wilaya) 노동과(Direction de l'Emploi)에 제출해야 하고, 승인 시 유효기간은 90일이다. 발급 후 본국 알제리 대사관에서 노동비자를 신청하면 된다. 임시노동허가 발급을 위하여 제출해야 하는 서류와 신청양식은 다음과 같다.

• 외국인 사무소 입구
(20, boulevard Zirout Youcef, Alger)

▌ 임시노동허가 준비 서류

컨소시엄 협약서(Accord de Groupement)(있을 경우)
정관 공증본(Status de l'entreprise)(업체별)
사업등록증(Registre de Commerce)
컨소시엄일 경우 A업체 to B업체 위임장(Procuration)
세무등록증(Carte Fiscal)
낙찰 확인서(Attestation de marche)
착공 지시서 NTP(ODS: Ordre de Service)
중단 지시서(Ordre d'arret)(있을 경우)
공사 재개서(Ordre de Reprise)(있을 경우)
대학 졸업장 및 경력증명서 공증본
임시노동허가 신청서(아랍어)
본국송환 확약서(Engagement de rapatriement)
외국인 고용 동기서(Rapport motive pour l'empoi d'un travailleur etranger)
Annexe 2번 고용 계약서(Contrat de travail)

본국송환확약서 sample
회사 로고
현장/지사/법인 주소
Phone: 전화번화 E-mail: 메일 주소

N° D'IDENTIFICATION FISCALE: 세무번호(NIF)

N° D'AFFILIATION A LA SECURITE SOCIALE: 사회보장 번호 (CNAS)

Je soussigné, Mr.: 책임자 성명

Agissant (e) en qualité de: 직위

Au Nom de l'organisme employeur: 업체명

Adresse en Algérie: 알제리 내 주소

M'engage à rapatrier, le ou la ressortissant (e 여성일 경우) étranger (e 여성일 경우)

Mr: 부임자/고용자 성명

De Nationalité: 고용자 국적

Passeport N°: 고용자 여권번호   délivré le: 고용자 여권 발급일자

Fonction: 고용자 역할

Contrat du travail d'une durée: 12 Mois(12개월)   du: 고용시작일자 au: 고용 종료일자

A la rupture de la relation de travail ou à la fin de son contrat prévue le: 예상 고용 종료일자

Fait à Alger(해당 지역), le 서류 제출일자
Directeur 책임자 성명 및 서명

고용계약서 sample

MINISTERE DU TRAVAIL DE L'EMPLOI
ET DE LA SECURITE SOCIALE
Décret N° 82-510 25 décembre 1982
N° 110/CT/DE/2011

ANNEXE 02

Loi 81−10 du 11 juillet 1981

CONTRAT DE TRAVAIL

Je soussigné: 책임자 명

Agissant en qualité de: 책임자 직위

Au nom de l'organisme employeur ci-après désigné : 회사명

Nature de l'activité de l'organisme employeur: 업체 분야 (Construction 등)

M'engage assurer un travail continu, pour une durée de: 12 Mois (계약기간 12개월)

A compter du: 근무 시작일자   en qualité de: 직원 직급

A Monsieur: 직원 성명

Nationalité: 직원 국적

Date et lieu de naissance: 직원 출생일자 (일/월/년)   à: Seoul (직원 출생지)

Adresse en Algérie: 알제리 내 주소

Qualification professionnelle: 직원 역할

Lieu de l'emploi: 근무지

Salaire mensuel net: Net 급여   Brut: Gross 급여

Prime et indemnité (nature et montant): 수당 여부와 금액

Avantage en Nature (Logement, Véhicule): 알제리 지원혜택 차량, 주거 지원 등

Affiliation à la sécurité sociale en Algérie: 알제리 내 사회보장 여부 (일반적으로 yes)

Signature du travailleur étranger (직원 서명)

Fait à Alger (해당 지역)

Le : 작성일자

Directeur: 책임자 성명, 서명, 회사 직인

---

1) - La durée du contrat de travail ne saurait être inférieur à trois mois ni supérieur à

   deux ans. (고용기간 최소 3개월 최대 2년)

2) - Rayer l'une des mentions s'il y a lieu. (불필요사항 삭제)

임시노동허가 신청서

الجمهورية الجزائرية الديمقراطية الشعبية

****

وزارة العمل التشغيل   والضمان الاجتماعي

مديرية التشغيل لولاية وهران

رقم   /

رخـصــة عـمـل مؤقتـة

طبقا للمادة 05 مكررا الفقرة 6 و 7 من المرسوم الرئاسي رقم 251-03 المؤرخ في 19 جويلية 2003 المتعلق بوضعية الأجانب بالجزائر ، تمنح رخصة العمل لـ :

الاسم: اللقب: إسم: سي:

تاريخ الميلاد   : سيول :   مكان الميلاد   生년월일: 출생지:

ابن   اسم الأب   父名: و   어머니:

من جنسيــــة: كورية الجنوبية

جواز السفر رقـــم   رقم الجواز: الصادر   여권 발급일자:

من طرف: وزارة الشؤون الخارجية ، التجارة

و الصالح لـغاية   여권 만기일자:

ليشغل منصب العمـل   직위:

لدى الهيئة المستخدمة   업체명:

لمدة: 12 شهر   من   고용 시작일: إلى   고용 종료일:

حـرر في وهران:

مديــر الـتـشـغيل لولاية وهران

هـام: تسلم هده الرخصة لطلب تأشيرة العمل للدخول للجزائر فقط و لا يمكن لحاملها العمل دون الحصول على جواز العمل أو رخصة عمل مؤقت.

-تقدم الهيئة المستخدمة طلب جواز العمل أو رخصة العمل المؤقت لدى مصالح مديرية التشغيل في أجل أقصاه خمسة عشرة يوما من تاريخ دخول العامل

외국인 고용 동기서 sample

REPUBLIQUE ALGERIENNE DEMOCRATIQUE ET POPULAIRE

MINISTERE DU TRAVAIL DE L'EMPLOI
ET DE LA SECURITE SOCIALE

ANNEXE 14
MAIN D'ŒUVRE ETRANGERE

DIRECTION DE L'EMPLOI
DE LA WILAYA D'ORAN(해당지역 명시)
DATE ET N° : 117/RM/2012

(Loi n° 81-10 du 11 juillet 1981)
(Décret n° 82-510 du 25 décembre1982)

RAPPORT MOTIVE POUR L'emploi D'UN TRAVAILLEUR ETRANGER

Je soussigné: 책임자 성명, 직함

Agissant pour le compte de l'organisme employeur ci – après désigné: 업체명

Statut juridique: privé (사기업)

Adresse en Algérie: 알제리 내 주소

Adresse à l'étranger: 해외 주소

Nature des activités: 업종

Nature du projet: 알제리 내 진행사업

Marché ou n° contrat: 계약 명 및 번호 en date du: 계약일자

Durée prévue des travaux: 계약/공사 기간 début: 시작일 fin: 종료일

Degré d'avancement: 계약 진행상황

DECLARE VOULOIR EMPLOYER (고용자 정보)

Monsieur: 고용자 성명   Nationalité: 국적

Né (e) le: 출생일자   à: 출생지

Qualification professionnelle: 자격

Au poste de travail de: 직종

Pour une durée de: 12 mois 기간(12개월)   du: 시작일   au: 종료일

RENSEIGNEMENT CONCERNANT LE MAITRE DE L'OUVRAGE (발주처 정보)

Nom ou raison sociale: 발주처 명

Activité principale: 발주처 업종

Adresse: 발주처 주소

CONDITIONS EXIGEES DU POSTE DE TRAVAIL:

고용직종의 자격 조건 (상세 기술)

Expérience minimum: 고용직종의 최소 필요경력

<u>MOTIFS JUSTIFIANT LE RECOURS AU RECRUTEMENT D'UN TRAVAILLEUR ETRANGER PAR</u>

<u>L'ORGANISME EMPLOYEUR:</u>

외국인 고용 사유

<u>DEMARCHES ENTREPRISE EN VUE DE POUVOIR LE POSTE DE TRAVAIL PAR UN TRAVAILLEURE</u>

<u>ALGERIEN ET RESULTAT OBTENUS:</u>

해당 직종의 알제리인 지원했을 경우 결과 명시

Fait à: Alger (작성지역), le 작성일자

책임자 성명

서명 및 직인

(1) Indiquer les noms, prénoms et qualité du signataire

(2) Rayer les mentions inutiles.

3) 노동/취업 비자(Visa de travail)

임시노동허가를 수령하였다면 본국에 귀국하여 알제리 대사관에 노동 비자를 신청하면 된다. 상세 사항은 알제리 대사관 홈페이지에 있으며, 일반적으로 신청에 필요한 서류는 다음과 같으나, 국가별로 상이한 부분이 있으니 한국주재 알제리 대사관 지시에 따르는 것이 바람직하다. 예전 제공되었던 신청서는 불어로 되어 작성예시를 첨부하나 근래는 알제리 대사관에서 다운받는 양식이 영문으로 되어 있어 작성하기가 쉽고 사이트에서 바로 작성 후 출력하거나 다운로드가 가능하다.

▎ 노동/취업 비자(Work Visa)준비 서류

알제리 대사관 신청서 2매
1년 이상 유효한 여권 및 여권사본
여권사진 2매
근로계약서 (Contrat de Travail)
임시노동 허가서 (autorisation de travail temporaire)
고용 확약서 (Engagement de Recrutement) (알제리 관련 기관 및 현지 법인으로부터 fax 수신)
본국송환 서약서 (engagement de rapatriement)
체류기간, 목적이 표기된 출장명령서 (Ordre de Mission)

불어비자 신청서

الجمهوريــــــة الجزائريـــــة الديمقراطيـــــة الشــــعبية
REPUBLIQUE ALGERIENNE DEMOCRATIQUE ET POPULAIRE

المركز: ....
Poste : ....

طـــلـــب تـــأشـــيـــرة
FORMULAIRE DE DEMANDE DE VISA

نوع التأشيرة
Type du Visa
신청비자 종류

اللقب Nom 성	الإسم Prénom(s) 이름
Pseudonyme	الإسم قبل الزواج Nom de jeune fille 여성일 경우 혼인전 성
تاريخ و مكان الميلاد / JJ / MM / AAAA Date et lieu de naissance 출생 일 월 년 Fils de ()	في البلد A 출생 도시 Pays 출생 국가 و بين Et de () 어머니 성명

Situation familiale(*)	أعزب Célibataire ○ 미혼	متزوج Marié(e) ○ 결혼	مطلق Divorcé(e) ○ 이혼	أرمل Veuf(ve) ○ 과부	ذكر الجنس أنثى Sexe(*) M ○ F ○ 예전 국적

الجنسية الحلية
Nationalité actuelle 현 국적

الجنسية الأصلية
Nationalité d'origine 예전 국적

العنوان الشخصي
Adresse personnelle 현 주소

Conjoint قرين

اللقب Nom 배우자 성	الإسم Prénom(s) 배우자 이름
تاريخ و مكان الميلاد / JJ / MM / AAAA Date et lieu de naissance 출생 일 월 년	البلد Pays 출생국	الجنسية Nationalité 국적

Enfants الأطفال — Ne doit être rempli que si les enfants voyagent avec vous — لا يملى إلا في حالة سفر الأولاد

الاسم و اللقب Noms et Prénoms	تاريخ الميلاد jj/mm/aaaa Date de naissance	مكان الميلاد Lieu de naissance	الجنسية Nationalité(s)
자녀 이름	생년월일	출생지	국적

Nature du document de voyage طبيعة وثيقة السفر

جواز سفر عادي Passeport ordinaire ○ 일반 여권	وثيقة أخرى (توضيح) Autres documents ○ (préciser lequel) 기타 신분증 명시 기타 신분증
الصادر / MM / AAAA Délivré le 발급일자 월 년	ينتهي في / JJ / MM / AAAA Expire le 만료일자 일 월 년

Numéro 신분증 번호

تأشيرة مطلوبة للدخول (*) Visa sollicité pour (*) 요청비자	مرة واحدة 1 entrée ○ 입국 1회	مرتين 2 entrées ○ 입국 2회	عدة مرات Plusieurs entrées ○ 다수 입국	من ILى JJ/MM/AAAA Du Au JJ/MM/AAAA 비자요청 기간 일 월 년

المهنة
Profession 직급/직종

المستخدم
Employeur 회사명

العنوان المهني
Adresse professionnelle 알제리 내 사업장 주소

في حالة عبور En cas de transit	الوجهة النهائية Pays de destination finale 알제리 경유 시 최종 목적지
هل لديكم تأشيرة دخول لهذا البلد (*) avez vous un visa d'entrée pour ce pays (*)	نعم Oui ○ لا Non ○ 최종 목적지 비자 보유 여부 Y/N

العنوان أثناء الإقامة
Adresse du séjour 체류기간 주소

غرض الإقامة
Motif pendant le séjour 체류목적

مدة الإقامة Durée du séjour 체류기간	30 يوم 30 jours ○ 30일	90 يوم 90 jours ○ 90일	Autres آخر 기타 일정 명시

هل سبق لكم الإقامة بالجزائر
Avez-vous déjà obtenu des visas d'entrée en Algérie

نعم Oui ○	لا Non ○ 기존 비자 소유/신청 여부 Y/N

كم Combien 신청 수	في أي تاريخ A quelle(s) date(s) ? 신청 일자	مدة الإقامة De quelle(s) durée(s) 신청 기간

عنوان الإقامة
Adresse du séjour 알제리 체류 주소

أتزم بمغادرة الإقليم بعد انقضاء أجل التأشيرة التي سنمنح لي و بعدم قبول أي عمل مأجور أو غير مأجور خلال إقامتي و بعدم الإقامة بصفة طافية
Je m'engage à quitter le territoire Algérien à l'expiration du visa qui me serait accordé, et à n'accepter aucun emploi rémunéré ou non durant mon séjour,et à ne pas m'y établir. Ma signature engage ma responsabilité et m'expose, en sus de poursuites prévues par la loi en cas de fausse déclaration, a me voir refuser tous visa à l'avenir

هام تملى جميع الخانات بحروف واضحة، في حالة خطإ أو عدم ملئ بعض الخانات لن يرد عن طلبكم

IMPORTANT : Toutes les rubriques doivent être complétées en MAJUSCULE.
En cas d'erreurs ou d'omission il ne pourra être donné suite à votre demande
(*) Mettre une croix dans la rubrique correspondant à votre réponse
(*)ضع علامة × في الجواب المختار

작성일자/서명

التاريخ، و أمضاء المعني(صاحب الطلب)
DATE ET SIGNATURE DU DEMANDEUR

Réservé à l'administration خاص بالإدارة
- صورة Photographie 사진부착
- رقم الطلب N° Demande
- تاريخ الإيداع Date de réception
- عدد مرات الدخول المرخصة Nbre d'entrée autorisées
- مدة الإقامة Durée de séjour
- الضريبة المستحقة Taxe perçue
- تاريخ صدور التأشيرة Date d'établissement du visa
- التاريخ المحدد للاستعمل Date limite d'utilisation
- رئيس المركز (الإمضاء و الختم) Le chef de poste (Signature et cachet)

MAE – AC 43

4) 노동허가증(Permis de travail)

노동(취업)비자를 발급받은 발령자는 입국일 15일 내 주재지역 도청(Wilaya) 노동과(Direction de l'Emploi)에 신청서류를 제출해야 한다. 15일 이내 제출하지 않을 경우 신청이 거부될 수 있기에 가능한 시간을 끌지 않는 것이 좋다.

노동허가증

▌노동허가증 준비서류

여권사본 3부

취업비자 사본 3부

증명사진 6매

고용계약서(Contrat de Travail)

본국송환 확약서(Engagement de rapatriement)

임시노동허가(autorisation de travail temporaire)

노동허가 신청서 3부(fiche de renseignement.)

외국인 고용 동기서 3부(rapport motivé pour l'emploi d'un travailleur étranger.)

노동허가 처분 통지서 3부(Suite donnée à une demande de permis de travail)

건강검진(General medical + Lung medical + blood Test)

수입인지 5,000디나(DA)

노동허가 신청서 sample

RÉPUBLIQUE ALGÉRIENNE DÉMOCRATIQUE ET POPULAIRE

MINISTERE DU TRAVAIL DE L'EMPLOI   *ANNEXE 1*
ET DE LA SECURITE SOCIALE   MAIN D'ŒUVRE ETRANGERE

DIRECTION DE L'EMPLOI   (Loi n° 81-10 du 11 juillet 1981)
DE LA WILAYA D'ORAN(해당지역 명시)   (Décret n° 82-510 du 25 décembre1982)
DATE ET N° : 117/RM/2012

FICHE DE RENSEIGNEMENT

A FOURNIR A L'APPUI D'UNE DEMANDE (1)

-DE DELIVRANCE DE PERMIS DE TRAVAIL OU D'AUTORISATION DE TRAVAIL

TEMPORAIRE (ATT). 신규

-DE RENOUVLEMENT DE PERMIS DE TRAVAIL. 연장

Nom(2): 성   Prénom: 이름

Né (e) le: 출생일자   à: 출생지

Nationalité: 국적

Réfugié politique: NON 망명   Apatride: NON 무국적자

Date d'entrée en Algérie: 알제리 입국일자

Passeport n°: 여권번호   Délivré le: 여권 발급일자   par: 발급기관

Valable du: 발급일자   Au: 만기일자

Adresse: 주소

Séjour antérieure en Algérie   (3)

예전 알제리 체류 기간 시작일 - 출국일

Adresse en Algérie: 알제리 내 주소

Permis de travail (4) ou ATT n°: 기존 노동허가증   délivré le: 발급일

Valable du: 유효기간 시작일   au: 종료일

Carte de résidant (4) n°: 체류증 번호   délivrée le: 발급일

Valable du: 유효기간 시작일   au: 종료일

Titre et diplôme: 자격 및 졸업학위

Qualification professionnelle: 직원 역할

Emploi précédemment occupés (joindre CV): 기존경력(이력서 첨부)

Emploi faisant l'objet de la demande de permis de travail ou d'ATT: 채용 직종

Lieu de l'emploi: 근무지

Nom et adresse de l'employeur: 고용주 주소 및 명칭

Activités de l'organisme employeur: 업체명

Situation de famille: 가족관계 혼인 유/무

Renseignements concernant le conjoint: (배우자 정보)

Nationalité: 국적

Résidence actuelle: 현 주소

Profession: 직업

Permis de travail n°: 체류증 Valable du: 유효기간 시작일   au: 종료일

OBSERVATION :

Certifié exact,

Fait à Alger(지역), le 요청일자 및 서명

노동청 승인사항

Avis motivé des services de l'emploi	Décision des services de l'emploi
De la wilaya de :··················	De la wilaya de ··················
-Avis favorable	-Permis ou ATT accordé(e)
-Avis défavorable	-Permis refusé
Date et signature	Date et signature Cachet

(1) Rayer la mention inutile. (불필요사항 삭제)

(2) Les femmes mariées ou veufs doivent ajouter après le nom de leur mari la mention
    née de leur nom de jeune fille. (기혼여성은 기존 보유 성 명시)

(3) Si oui préciser les dates et les motifs. (Yes 시 일자 등 상세명시)

(4) En cas de renouvellement de permis de travail ou d'ATT. (노동허가 임시노동허가 연장 시)

NOTE : toute information incomplète entraîne le rejet du dossier. (미완성 시 신청서 거부)

노동허가 처분 통지서 sample

REPUBLIQUE ALGERIENNE DEMOCRATIQUE ET POPULAIRE

MINISTERE DU TRAVAIL DE L'EMPLOI
ET DE LA SECURITE SOCIALE
DIRECTION DE L'EMPLOI
DE LA WILAYA D'ORAN(해당지역 명시)
N°............/DEW/2014

ANNEXE 5
MAIN D'ŒUVRE ETRANGERE
(Loi n° 81-10 du 11 juillet 1981)
(Décret n° 82-510 du 25 décembre1982)

LE DIRECTEUR DE L'EMPLOI

OBJET: Suite donnée à une demande de permis de travail

J'ai l'honneur de vous informer qu'un permis de travail, Autorisation de travail temporaire(1)

a été Délivré (e), Renouvelé, Refusé le : (발급 승인/연장/거절)

sous le n°:   valable du: Au: 승인번호 & 유효기간 (작성하지말 것 노동청기재)

Monsieur: 고용자 성명   Nationalité: 고용자 국적

Né(e) le: 출생일   Date d'entrée en Algérie: 알제리 입국일

Demeurant (e): 알제리 내 주소

L'intéressé (e) est autorisé (e) à occuper le poste: 직종 및 역할

Nom ou raison sociale: 회사명

Nature des activités: 업종

Nature du projet: 프로젝트 명

Adresse: 알제리 내 주소

LE DIRECTEUR

5) 체류허가증(Permis de Sejour)

　　노동허가증을 발급받은 사람은 체류허가증을 신청할 수 있다. 체류허가증은 2년 유효하며 갱신이 가능하다. 관할 경찰서에 신청이 이루어지나 발급까지 상당한 시간이 걸리기에, 대기 기간중 임시체류허가증(recepisse d'autorisation de sejour)을 수령하여 체류자격을 대신할 수 있다. 신청에 필요한 서류는 다음과 같다.

❶ 임시체류허가증
❷ 체류증
❸ 체류증 앞
❹ 체류증 뒤

▌체류증 준비서류

체류허가 신청서(아랍어)
재외국민등록증(immatriculation consulaire/한국대사관에서 발급)
개인 신원 정보서(Fiche de renseignement personnel)
가족 신원 정보서(Fiche de renseignement Familial)
건강검진(General medical + Lung medical + Blood test)
증명사진 14매
여권 사본 3부
취업비자 사본 3부
수입인지 3,000디나(DA)
재직 증명서 2부(Attestation de travail),
송환 확약서(Engagement de rapatriement)
노동허가증 사본(Permis de Travail)
주거 계약서(Contrat de location) 또는 거주 확인서 2부(Certificat d'hebergement)
사업등록증(Registre de Commerce)/지사등록증(Certificat d'existance)
낙찰 확인서(Attestation de marche)(현장의 경우)
착공 지시서 NTP(ODS: Ordre de Service)(소지할 경우)
중단 지시서(Ordre d'arret)(소지할 경우)
공사 재개서(Ordre de Reprise)(소지할 경우)

이 모든 절차가 끝나야 비로소 정식적인 체류와 노동허가가 승인된 것이며, 알제리 내에서 부임자로 정상 활동을 할 수 있다.

업무 및
활동

PART
03

Ⅰ. 노무 및 사업관리

1. 직원 채용

진출 국가와 업종을 떠나 해외사업을 추진하는 경우, 현지 직원고용은 필수적일 수밖에 없다. 다수의 한국 직원이 부임하여 사무실, 숙소, 차량 관리 등의 생활부터 경리, 세무, 노무, 영업 등의 업무까지 모두 직접 할 수 없기에 지사(사무소) 운영과 프로젝트 수행을 위하여 현지직원 고용을 고민해야 한다. 건설 프로젝트가 진행되었다면 현장의 안전 및 공사인력, 단순 노무자 고용까지 고려해야 하는 등 규모와 범위가 더 넓어지고 다양해진다.

알제리는 노동력이 풍부하나, 산업 및 경제 침체로 늘어나는 실업자 추세는 꾸준히 사회문제로 대두된다. 알제리 공식 실업률은 11%대이다. 하지만 젊은 층의 구성이 65%대이며 이의 실업률은 25%에 육박한다고 한다. 알제리는 아직 사회주의 의식이 강하고 노동법에서 조합의 결성 및 권리를 보장하고 있어 다른 개도국에 비해 근로자의 권익을 잘 대변하도록 마련되어 있다. 노무관리를 함에 있어, 낮은 교육 환경, 이슬람 문화, 사회주의적 사고로 인해 고용주가 사회보장, 복지부터 모든 것을 부담해줘야 한다는 의식이 강해 애로사항이 많을 수 있다.

외국업체가 알제리에서 직원을 고용하고자 하는 경우 노동사무소(ANEM)를 통하는 것이 일반적이다. 노동사무소의 채용절차는 채용조건을 제시하면 사무소에서 자격충족 인원을 선별하여 추천하는 절차로 이루어진다. 하지만 숙련된 양질의 인력을 추천 받기란 말처럼 쉽지 않다. 결국 노동사무소 추천인력이 자격미달로 면접 후 거절해야 되는 경우가 더러 발생하고 고용주가 불가피하게 직접 채용 또는 인력공급업체를 통해 채용하는 경우가 많다.

직접 채용을 준비한다면 현지기업(기관) 또는 외국업체에 근무 경험이 있는 경력자를 추천받는 방법이 있다. 그렇지 않을 경우 신문 공고나 헤드헌터를 활용하는 것이 일반적이며, www.emploialgerie.com 등의 현지 온라인 구인구직 사이트를 이용하여 이력서를 받아보고 면접을 진행하는 방법도 있다. 채용공고 후 수많은 지원서류를 다 검토하기 어려운 만큼 필히 학력, 경력, 제출 언어 등 요구사항을 강조하여 정확하게 공고해야 수고스러움을 덜 수가 있다. 실례로 영어가능자를 모집하는 자리에 회화 자체가 안 되는 사람이 오기도 한다. 때문에 직접 채용을 하는 경우 현지인의 능력을 검증할 수 있는 질의 등을 준비하는 것이 중요하다.

　만약 직접 채용할 경우 노동사무소에 해당인력 지원불가 확인서를 발급받아야 추후 행정적인 문제를 예방할 수 있다. 해당인력 지원불가 확인서를 수령 후 채용을 진행하는 것이 원칙이나, 실제 인력수급 기간이 한달 이상 소요되는 경우가 많아 잘 지켜지지 않으며, 무시되는 경향이 있다. 이런 이유로 업무상 급한 상황에서는 사전채용을 고려하는 경우가 많다. 일부 사업장에서는 채용할 인력을 섭외 후 노동사무소에 등록시키는 동시에 채용하는 사례도 있다. 지역과 담당자별로 행정처리 및 법규해석이 달리되는 경우가 많아 전례를 알아보고 근로 감독관과 우호관계를 유지하는 것이 바람직하다.

　운영 중인 건설현장(또는 사업장)의 경우, 단기간의 급격한 인력소요로 직접 채용이 힘들 경우 인력공급/파견업체를 통한 수급이 좋은 대안일 수 있다. 다만, 상대적으로 직접고용보다 높은 비용이 단점이다. 또한 현지 인력업체들이 영세하여 행정이 느리고, 그에 따른 급여 및 사회보장세 납부지연 등으로 직원들의 업무능률 저하가 종종 발생하는 경우가 있다. 업체 부도 시, 노동청으로부터 원청사에 고용요구가 들어올 수 있어 업체선정 시 신중해야 한다. 하지만 인력파견업체는 단순 사무직 및 일용 노동자 공급에 유용하고, 직원간 갈등/문제 시 쉽게 교체요청이 가능하여 큰 사업장에서는 파견업체를 자주 활용하고 있는 것이 현실이다.

❚ 직접고용 및 파견업체 활용 간략비교

	직접고용	파견업체 이용
비용	급여, 각종 사회보장비용 (평균 net 급여의 약 47% 수준)	직접계약에서 발생하는 비용 + 출퇴근 교통 수당 + 서비스 수수료 + 부가세 * 직접계약 대비 약 20~30% 추가부담
행정부담	계약서 작성, 근무시간 확인, 급여계산, 사회보장, 세금 납부	근무일수 확인, 청구액 확인, 대금지불
신규채용	인력소개소 활용, 인터넷 및 일간지 채용공고 등 * 우수인력 발굴이 어려움	자체 보유 인력 풀에서 면접후보 소개 * 채용이 용이하다는 장점은 있으나 현지인들의 용역파견계약을 기피하는 경우가 있음
기타	현지직원 인원이 증가할 경우 노조 결성 등 집단행동의 주의가 필요	파견업체가 파행운영 시(급여지급 지연, 사회 보장기관 신고 부실 등) 직원 동요의 가능성이 있음

1) 근무조건

알제리 주말은 기존 목요일~금요일에서 2009년 8월 15일부터 금요일~토요일로 변경되었다. 근무요일은 일요일부터 목요일까지며, 하루 8시간, 주 40시간의 노동을 원칙으로 한다. 단, 상호 협의하에 근무시간은 하루 최대 12시간까지 조종이 가능하나 법적으로 정해진 근로시간을 20% 이상을 초과하는 것은 예외적이며, 사전에 노동당국의 허가를 얻어야 가능하다. 야간 근무 시간은 저녁 21시까지이다. 이 시간 중에는 시간당 50%가산된 임금을 지급해야 하고 21시 이후 및 주말은 100%가 가산된 임금을 지급해야 된다. 하지만 19세 미만과 여성의 경우는 원칙적으로 불허되고 노동당국이 인정하는 경우만 허용된다. 휴가 산정은 법적 휴일을 제외하고, 1개월 근무 시 2.5일을 적립하여 1년에 30일이 주어지나, 남부지방에서 근무하는 근로자에게는 연간 10일 이상의 추가 휴가를 부여해야 한다. 산정 및 활용 기준은 7월 1일부터 익년 6월 30일까지로 정해져 있으며, 미사용 휴가는 다음 연도로 넘기는 것이 일반적이나, 휴가를 직원 동의하에 보상하는 일부 업체도 있다.

가족사망, 본인 및 자녀의 결혼 등에는 3일의 경조사 휴가가 부여되고 이와 별도로 성지순례(메카 방문)로 1회에 한하여 1달 특별휴가가 인정되는 알제리 문화의 특이한 점도 있다. 병가, 군입대, 재판, 정직 등 무급휴가 또는 휴직 시에는 사회보장 비용을 업체가 납부하지 않아도 된다. 단기계약직 포함 20인 이상일 경우 노조결성이 가능하며, 이는 회사 형태가 변경되어도 유지된다. 또한 근무 규정을 만들어 노동감독 기관에 신고하여 감독을 받는다.

2) 계약조건

실질적인 고용관계가 있으면, 고용계약서가 없더라도 정규직(영구계약)으로 간주되기에 임시직(아르바이트)이라고 해도 필히 계약서를 작성해야 한다. 계약의 종류는 크게 나누면 정규직인 영구계약(CDI: Contrat à Durée Indéterminée)과 비정규 임시직에 해당하는 단기계약(CDD: Contrat à Durée Déterminée) 두 종류가 있다.

어떤 채용이던 정규직에 해당하는 영구계약을 원칙으로 하나 다음 경우에 한해 단기계약이 가능하다.

- 사업기간이 한정된 경우: 투자사업, 건설현장 등
- 임시인력: 출산휴가, 교육중인 직원 대체 등
- 주기적 노동: 분기별 정비 등에 따른 추가인력
- 특수요인: 임시 작업량이 증가하는 경우 등

· · · 근로확인서 예시 · · ·

회사명/연락처/주소
문서번호

Certificat de travail (근로 확인서)

Je, soussigné, M. 책임자 성명(홍길동), agissant en qualité de 책임자 직급(현장 관리팀장, 지사장 등), de l'entreprise 회사명, certifie avoir employé:
(XXX 회사/기업의 XXX(홍길동) 관리팀장/현장소장은 다음과 같은 사실을 확인한다.)

Salarié(직원정보)

Madame(여자일 경우), Monsieur(남자일 경우), 고용 직원명, demeurant à 직원 주소
(XXX에 거주하는 YYY직원)

Emploi occupé(직원직무)
au poste de 직원의 직무(관리직/생산직/현장직 등), en qualité de 직원의 직급
(Manager/ assistant Manager/Staff 등) du 근무 시작일 au 근무 종료일
(해당직원은 XXX담당직무 XXX직급으로 XXX일부터 XXX일까지 근무하였음.)

Monsieur/Madame 해당직원명, nous quitte libre de tout engagement.
(XXX는 사직 후 어떠한 책무/책임도 없음을 확인합니다.)

Fait le 작성일자, à 작성지 (Alger/Oran/지역명), pour servir et valoir ce que de droit. (XXX에서 XXX일자에 권리보장을 위하여 작성됨.)

회사명
책임자/담당자 직책
성명 및 직인

위 사유들은 보편적으로 발생이 가능하기에, 초기 3개월간 단기계약직으로 고용 후, 영구계약직으로 전환하는 것이 일반적인 형태이다. 또한 영구계약직으로 채용할 경우 수습기간 조항을 삽입하여 해당 기간 내에 합의 없이 합법적으로 계약해지가 가능하기 때문에 현지직원과 뜻하지 않은 마찰이 생길 경우 피해를 최소화할 수 있다.

단기 계약의 경우 고용기간 만료 시 계약은 자동으로 해지되지만, 고용주는 이를 최소 1개월 전 근로자에게 서면 통보해 줄 의무가 있다. 그 밖에 퇴직과 동시에 근로확인서 등을 의무적으로 발급해줘야 한다. 근로자도 사직을 희망할 경우 관례상 사직 희망일 1개월 전에 회사에 서면통보 해주는 것을 원칙으로 한다.

고용주가 직원을 해고하기 위해서는 명령 불복종, 기밀 누설, 폭력행사, 회사자산 손괴, 복귀명령 거부, 작업장 내 음주/마약행위 등의 정당한 사유가 있어야 한다. 또한 서면통보 및 소환, 동료가 배석한 대면, 과실 서면통지 등의 절차 후에야 해고처리가 가능하다. 해당 직원이 회사에 큰 피해를 가하지 않았을 경우 서면 경고를 3번 받아야 해고 절차를 진행할 수 있다. 때문에 평소에 경고장을 발급하고 당사자 서명도 받아 두는 것이 향후 업체 입장에서 유리하다.

고용주가 해당 절차를 무시하고 해고할 경우 이후 막대한 배상 책임을 요구받을 수 있어 유의해야 한다. 현지직원이 불만을 품고 소송할 경우, 판결시점까지의 모든 급여를 지급해야 하고, 해고 1~2년이 경과한 후에 소송을 제기하여 패소할 경우에도 소급적용하여 보상해야 한다. 따라서 채용 및 해임 시에도 현지 법규에 따라야 하고, 필요 시 법무법인의 조언을 받는 것이 바람직하다.

··· 경고장 예시 ···

회사명, 연락처, 주소
문서번호

직원명, 주소

Courrier en Recommandé avec AR(등기우편)

Objet : notification(공지/경고)

Madame(여자일 경우), Monsieur(남자일 경우), 직원 성명

Par la présente, nous vous confirmons les observations verbales qui vous ont été faites concernant votre inobservation des règles.(다수에 걸쳐 말씀드렸던 규칙 미준수 주의 조치를 서면 통지합니다)

Le 날짜 au 장소(bureau사무실, chantier현장 등), vous avez commis les faits suivants : (해당일자에 잘못/실수/부주의 등)

✔ 직원의 잘못 서술(지각, 무단결근, 자재남용, 욕설, 상사명령 불복종 등)

Ces agissements constituent un manquement à vos obligations contractuelles. Un tel comportement est préjudiciable au bon fonctionnement du service auquel vous êtes affecté((e)여직원일 경우). (계약규정 미준수, 조직운영에 장애초래)

En conséquence, Nous devons dans l'obligation, par cette lettre, de vous adresser un avertissement.(서신을 통하여 경고공지)

Nous espérons que ce courrier engendrera des changements dans votre comportement et que de tels faits ne se renouvelleront plus.(서신 수령 후 행동에 변화가 있기를 희망)

Je vous prie de recevoir, Madame/Monsieur, l'assurance de notre considération distinguée.(정중인사)

_____서명_____회사직인

Gil−dong, Hong (성명, 서명)

Le Dircteur Général(지사장/법인장/책임자 직급)

· · · 중대한 과실로 인한 계약해지 공지 예시 · · ·

회사명, 연락처, 주소
문서번호

직원명, 주소

Courrier en recommandé avec AR(등기우편)

Objet: notification de la rupture anticipée de votre CDD(계약직)/CDI(정규직) pour faute grave(중대과실로 인한 계약/정규직 조기해직)

Madame(여자일 경우), Monsieur(남자일 경우)

Le 날짜 au 장소(bureau사무실, chantier현장 등), vous avez commis les fautes graves suivants : (해당일자 (장소)에서 중대과실)

✔ 직원의 중대과실 서술

nous vous avons reçu lors d'un entretien préalable à éventuelle mesure de rupture anticipée de votre contrat de travail à durée déterminée(CDD)(계약직)/durée indéterminée(CDI)(정규직) pour raison de faute grave, entretien qui s'est tenu le(면담일자). (해당일자에 중대과실로 인한 계약직/정규직 조기 계약해지 검토 면담을 진행하였음.)

Suite à cet entretien, nous sommes contraints, en égard aux faits précités et à leur gravité dans la mesure où ils dénotent un comportement inacceptable(용납불가 행동) un manque de professionnalisme(전문성 결여), (가타 필요내용 기입), de procéder à la rupture anticipée de votre contrat de travail, car nous considérons que vous avez commis une faute grave.(면담결과 중대과실이 있었음을 확인하였고 '부당한 행동/전문성 결여', (적정사유/ 필요내용 기입) 등이 표출되었기에 조기 계약해지를 결정)

Cette décision prendra effet à dater de la première présentation du présent courrier en recommandé avec AR, date à partir de laquelle vous cesserez de faire partie de l'effectif de notre entreprise et à partir de laquelle seront tenus à votre disposition : (본 결정은 등기 수령 확인일로부터 발효, 해직처리와 아래 증명서들 발급 예정)

✔ votre certificat de travail(근로확인서)

✔ votre reçu pour solde de tout compte(급여정산 확인서)

✔ votre attestation « employeur assurance chômage »(실업보험 증명서)

✔ ainsi que les salaires et les indemnités de congés payés qui vous sont dus.(급여, 상여 및 정산금)

Je vous prie de recevoir, Madame/Monsieur, l'assurance de notre considération distinguée.(정중인사)

_____서명_____. 회사직인
Gil−dong, Hong(성명, 서명)
Le Dirceur Général(지사장/법인장/책임자 직급)

이와는 별도로 알제리에서 외국인을 고용하기 위해서는 체류 절차에서 설명하였듯 고용계약서, 본국송환 확약, 사업자등록증 등 증빙자료를 제출하고 외국직원의 노동허가증 취득 및 거주지역 관할경찰서 거주허가를 신청하는 절차가 필요하다. 외국인도 현지인과 동일하게 사회보장에 가입하고 사회보장 혜택을 받는 것을 원칙으로 하고 있어 필히 규정을 준수하고 사회보장세를 납부토록 해야 하며, 계약조건은 현지인과 동일한 법규가 적용된다.

고용계약서 예시

<u>Contrat de Travail</u> 고용계약서

Fait à 작성지역, 작성날짜

Entre

회사명, 주소

Ci−après désigné l'employeur

D'une part(고용주)

Et

고용직원 성명, 생년월일, 주소

Ci−après désigné l'employé

D'autre part(고용인)

Ils ont été convenus et arrêtés ce qui suit (다음과 같은 사항을 합의하였다.)

<u>Art.1−Object</u>(목적)

Le présent contrat de travail à pour objet le recrutement au sein du personnel de la société 고용직원 성명 en qualité de 직급/직무

(해당직원의 XX직무XX직급으로 채용)

<u>Art.2−Période d'essai</u>(견습/임시직 기간)

La période d'essai est de 견습개월 수 mois, durant la période d'essai ce contrat de travail peut être rompue par l'une ou l'autre partie sans indemnités ni préavis.

(임시기간 X(통상3개월) 개월 중 서로가 사전 통보 없이 계약파기 가능)

<u>Art.3−Fonctions</u>(고용자의 역할)

Mr 고용직원 성명 exercera pour le compte de 회사명

La fonction citée à l'Art. 1 du présent contrat.(1조에 있는 역할 수행)

<u>Art.4−Préavis</u>(통보기간)

En cas de rupture de présent contrat, les parties observeront un préavis d'un mois.(직원 및 회사는 해고/퇴직 시 1개월 전 사전 통보)

<u>Art.5−Horaires de travail</u>(근무시간)

L'employé travaillera 40 heures heures par semaine, la limite des heures de travail peut être prolongée et modifiée d'un commun accord selon les nécessités de service. Les jours de travail sont de dimanche à jeudi.(일−목 주 40시간 근무, 협의 시 추가근무 가능)

<u>Art.6−Rémunération</u>(급여)

En contrepartie de son travail, l'intéressé percevra

Un salaire mensuel de NET 급여액 Dinars(net 급여(월급) 디나(DA)).

Un panier repas et trajet de 수당액 Dinars(식대 및 교통 수당 등 총액 디나(DA))

Une prime de 추가근무 수당 Dinars par heure supplémentaires.(시간당 초과근무 수당)

Art.7 — Protection sociale(사회보장)

Monsieur(남자직원) Madame(여성직원) 고용직원 성명 bénéficiera toutes les protections et avantages assurés par la législation en matière de sécurité sociale et qui lui seront accordées par la société 회사명. (회사는 고용자에게 법적으로 규정하는 모든 사회보장 및 혜택 제공)

Art.8 — Congé annuel et jours fériés(휴가 및 공휴일)

L'employé bénéficiera de 2.5 jour de congé pour chaque mois de travail et les jours fériés locaux(11 jours par an) tel que stipulé dans la réglementation du travail pour durée du présent contrat.

(노동법에 따라 연 11일 공휴일 및 1개월 근무 시 2.5일 휴가 적립)

Art.9 — Confidentialité(비밀유지)

L'employé ne révélera ni divulguera à toute partie ou personne, que ce soit pendant ou après son recrutement aucune information confidentielle obtenue pendant qu'il ou elle était employé que sein de l'organisme. (회사기밀 누설금지)

Si l'employé révèle n'importe quelle information confidentielle obtenue pendant la durée de son recrutement, l'employé sera réprimandés à toutes formes stipulées par loi locale.(누설 시 법적 조치)

Art.10 — Obligations professionnelles(직원의 의무)

En vertu de sa fonction. L'intéressée aura durant toute sa période d'exercice au sein de la société ainsi qu'au titre des consignes et prescriptions générales ou particulières, permanentes ou occasionnelle, en matière de discipline générale, les obligations suivantes: (다음 의무와 규정 준수)

— L'intéressé, quelle que soit son rang dans la hiérarchie, est responsable de la bonne exécution, par tout autre travailleur agissant sous son autorité , des taches devant être accomplies sur instruction ou suivant les procédures ordinaires de répartition du travail au sein de la société. (상사 지시 및 규정 준수)

— Devra préserver et protéger, atout instant avec vigilance soutenue tout élément constitutif des moyens de travail, des capacités de production et plus généralement, du patrimoine de la société. (회사 자산 보호, 남용 금지)

— Apporter dans son travail la contribution maximale à la réalisation du plan de la société (업무 성실수행)

−Combattre énergiquement toute forme d'absentéisme (자의적 무단결근/조퇴예방 및 방지)

−A respecter et faire respecter le règlement intérieur et les consignes de sécurité (안전/내부 규정 준수)

−A respecter et faire respecter le secret professionnel et de ne pas divulguer les informations don t il aura connaissance dans l'exercice de ses fonctions. (업무 중 얻은 정보 누설금지)

−Demeurer pécuniairement responsable des détériorations du matériel, des matières, des produits ou tout préjudice lorsqu'il est imputable à des négligences graves ou des fautes professionnelles. (업무 수행 중 잘못 실수, 파손 책임)

−A observer scrupuleusement les obligations de loyauté de réserve, de neutralité et s'interdire toute intervention dans les relations de travail ainsi que litiges et conflits professionnels. (회사에 대한 로열티, 근무지 내 투쟁/싸움 금지)

−A faire connaitre de la direction des ressources humaines de la société, sans délai, toute modification postérieure a son engagement qui pourrait intervenir dans son état civile, sa situation de famille son adresse. (신상 변경사항 회사에 통보)

−Il sera strictement responsable de sa signature sur tout document ayant rapport directe ou indirect avec la société, des documents rédigés pour le compte de la société ainsi que l'utilisation des cachets portant dénomination de la société. (회사명/직인 사용에 대한 책임)

−Par ailleurs, il est interdit a 고용직원 성명, les actes énumérés ci−dessous sous peine de sanctions disciplinaires allant à la réalisation du présent contrat de travail dans les conditions citées a l'art.2, sans préjudices des poursuites judiciaire : (아래 사항 발생 시 처벌)

*Utiliser les moyens et les biens de la société à des fins personnelles.
(회사 물품/장비를 개인 이득을 위하여 활용/남용)

*Se livrer à des travaux personnelles ou pratiques tout commerce pour son propre compte sur les lieux de travail. (근무지에서 개인업무/사업 금지)

*Empoter des outils, instruments, documents, copie de fiches, disquettes, ou autre objets appartenant à la société 회사명 et sans autorisation. (허가없이 회사물품, 자료 반출 금지)

*Introduire sur lieu de travail dans tenue vestimentaire négligée ou contraire à un état de propreté corporelle. (복장/위생 준수)

*D'introduire et diffuser dans les locaux de la société des journaux, des tracts, des pétitions, procéder à des affichages non autorisées. (사무실에 전단지, 배포지 탄원서 등 반입 금지)

*S'abonner ouvertement ou d'une manière déguisée à des activités de nature politique ou idéologique sur les lieux de travail. (사무실에서 정치적 사상적 의견 제시 금지)

Art.11－Fin de contrat(계약 종료)

L'employeur peut licencier l'employé s'il considère que celui－ci est sujet à une des conditions suivantes: (해고사유)

－L'employé est inefficace dans son travail du à une attitude négligeant les fonctions qui lui sont assignées. (업무 태도/행동 불량에 의한 비효율 업무능력)

－l'employé n'observe pas une des clauses du contrat. (계약위반, 미 준수)

－L'employé s'engage dans un autre travail sans permission écrire de l'employeur. (통보 없이 다른 회사업무 수행/취직)

－L'emploi peut également être terminé par l'employé après (3) avertissements par écrit et au moins un (1) mois à l'avance de la date de licenciement. (경고 3회 조치 한달 후 해고가능)

－Cependant en cas d'urgence, une (1) notification écrite sera déterminée par l'employeur. (위급 중대사항 시 1회 경고 후 해고 조치)

－Si l'employé désire démissionner de son poste, soumettra une notification écrite à employeur au moins un (1) mois à l'avance avant la date prévue du départ. (직원 퇴사 희망 시 1개월 전 사전 통보)

Art.12－Durée du contrat(계약기간)

Le présent contrat est un contrat d'une durée déterminée de 계약기간 명시(임시 직), d'une durée indéterminée(정규직) qui prend effet à partir du 계약 시작일. (계약기간)

Les clauses du contrat peuvent être révisées avec l'accord des deux parties .si toutefois une clause du présent contrat état révisée, une annexe sera dument établie, signée et jointe au contrat, au lieu de soumettre le contra entier a la révision. (협의 시 계약조항 변경/첨부 가능)

Lu et Approuvé le 계약 시작일

L'intéressé(고용자)   Le Directeur General(지사/법인/사업장 대표자)

3) 급여 및 비용

많은 유전 및 시설들이 남부 사막인근에 위치하고 국영석유회사(Sonatrach)는 직접 및 외국 정유업체들과도 합작법인들을 설립하여 탐사와 채굴 및 탄화수소사업을 진행하고 있다. 채굴산업은 알제리의 주요산업 분야이자 어려운 근무환경 탓에 높은 급여를 수령하는 것이 일반적이고 지리 및 환경적인 요인으로 북부 연안과 남부 사막 근무자간 인금격차 및 복지수준, 민간과 공공기업 및 업체간도 임금격차도 크게 존재한다. 알제리 투자청(ANDI: Agence Nationale de développement de l'Investissement)은 2013년 통계청(ONS: Office National des Statistiques) 조사를 인용하여 세후 평균급여를 아래와 같이 제시하였다. 통계 자료에는 도출되지 않으나, 외국기업 근로자는 알제리 기업보다 높은 급여를 지급받기에 한국기업도 직원고용을 진행할 경우 업종평균보다 높게 요구될 가능성이 있음을 인지하고 채용을 준비하는 것이 바람직하다.

구분(민간분야)	관리직		실무직		노동직		평균	
	민간분야	공공분야	민간분야	공공분야	민간분야	공공분야	민간분야	공공분야
채굴산업	34,854	105,418	25,683	82,617	19,316	59,268	21,987	86,559
제조산업	58,882	52,754	34,477	40,241	24,110	29,759	29,729	37,712
수도, 가스, 전기생산&송배전	X	45,000	X	31,591	X	26,672	X	33,528
건설산업	42,915	49,637	24,863	36,709	20,071	23,266	22,790	28,602
무역, 복구산업	57,588	54,734	30,342	40,822	23,412	30,681	32,045	38,908
호텔, 요식산업	52,921	52,944	33,010	31,366	22,713	25,176	26,741	30,102
운송, 통신산업	49,559	64,798	30,370	45,600	24,094	38,953	29,427	45,245
금융산업	92,507	58,175	54,060	41,770	31,519	31,703	59,174	48,431
부동산, 기업 서비스산업	65,542	45,703	34,436	32,844	20,010	25,619	22,854	30,374
의료산업 등	59,315	42,603	35,318	34,474	20,354	25,331	32,978	28,926
평균	50,542	68,663	27,679	49,429	21,247	30,576	25,666	44,928

자료: 알제리 통계청(ONS), 단위: 디나(DA)

순수 급여만 비교한다면, 알제리의 임금수준은 저렴한 편이다. 최저임금(SNMG: Salaire National Minimum Garanti)은 기존 월 12,000디나(DA)에서 2010년 15,000디나(DA), 2012년부로 18,000디나(DA)로 상승하였고 2015년에 관련규정을 정비하였다. 저자는 최저 임금제를 제외하고는 법정 임금을 규제받은 적이 없다. 임금은 회사 및 직원간에 자유롭게 협의될 수 있지만, 법적으로 정해진 최저임금수준보다는 높아야 한다. 근로소득 산정기준에는 현물로 지급된, 주거, 자동차, 통신 등은 포함되지 않는다. 초과근무 수당은 21시까지 시간당 본봉에 50%가 추가되며, 21시 이후 및 주말은 100%가 추가된다. 야간근무는 성인이여야만 가능하고, 원칙적으로 여성은 불허하나, 노동당국이 인정하는 경우 허용된다. 법정 근로시간을 20% 이상 초과하여 근무하는 것은 예외적 경우에만 인정되며, 노동당국의 사전허가를 얻어야 가능하다. 초과근무 수당은 아래와 같이 산정할 수 있다.

- 월평균 근무시간: (주40시간 × 52)/12 = 173.33
- 시간당 급여: 월급여/173.33
- 초과근무 수당: 시간당 급여 × 초과근무 시간 × 1.5(주말/21시 이후 2.0)

근로소득세는 세법 104조를 적용받아 계산되며, 누진세율은 보수에 따라 달라진다. 현지 세법과 규정에 맞게 세팅된 PC compta 같은 프로그램을 활용하면 급여부터 회계, 재무제표, 납부세금, 각종신고서까지 편리하고 쉽게 계산하고 자동으로 작성할 수 있다. 하지만 지사같이 소규모 인원으로 운영되는 사무소에서는 신고사항이 적어 따로 프로그램을 구입하지 않고 엑셀만으로도 충분히 업무가 가능하다.

예전에는 근로소득이 80,000디나(DA) 이상인 외국인에 한하여 단일세율 20%가 적용되었으나 2010년 재정법 발표 이후로는 누진세율이 공동으로 적용된다. 알제리는 누진세를 4군으로 분리여 적용하고 총 세액의 40%를 감소해준다. 하지만 감소금액 적용 범위는 1,000~1,500디나(DA)로 확정하여, 1,000디나(DA) 이하는 1,000디나(DA)로 반올림시키고 1,500디나(DA) 이상은 1,500디나(DA)로 적용하여 계산하면 된다.

- 1군: 월 10,000디나(DA), 0%
- 2군: 월 10,001~30,000디나(DA), 20%
- 3군: 월 30,001~120,000디나(DA), 30%
- 4군: 월 120,001디나(DA), 35%

예 1) 과세적용 급여소득이 30,000디나(DA)의 경우 10,000디나(DA)는 1군에 포함되고 20,000
디나(DA)는 2군에 포함된다. 1군의 적용세율은 0%이며, 2군의 적용비율은 20%이다.
총 30,000디나(DA) 근로소득의 소득세액은 (10,000디나(DA)는 0%) + (20,000디나(DA)
×20%)=4,000디나(DA)이다. 여기에 감소율 40%는 1,600디나(DA) 지만 최대 1,500디
나(DA)규정이 적용됨에 따라 1,500디나(DA)를 감소해준다.
그럼 이 직원이 내야 하는 소득세는 4,000 - 1,500 = 2,500디나(DA)이다.

예 2) 직원의 과세적용 급여소득이 45,000디나(DA)의 경우 10,000디나(DA)는 1군에 포함,
20,000디나(DA)는 2군에 포함, 15,000디나(DA)는 3군에 포함된다. 1군의 적용세율은
0%, 2군의 적용비율 20%, 3군 적용비율 30%이다.
총 45,000디나(DA) 근로소득의 소득세액은 (10,000디나(DA)×0%)+(20,000디나(DA)
×20%)+(15,000디나(DA)×30%)=8,500디나(DA)이다. 여기에 감소율 40%는 3,400디
나(DA)지만 최대 1,500디나(DA) 규정이 적용됨에 따라 1,500디나(DA)를 감소해준다.
그럼 이 직원이 내야 하는 소득세는 8,500 - 1,500=7,000디나(DA)이다.

하지만 근래(2017) 누진세율이 아래와 같이 변경되었고 일부 규정도 수정되
었다고 하기에 정확한 세액 계산을 위해서는 세무서 및 회계법인의 조언을 받아
보길 권한다.

범위	세율
~120,000DA	0 %
120,001~360,000DA	20 %
360,001~1 440,000DA	30 %
1 440,000DA 이상	35 %

알제리에 진출한 모든 업체는 사회보장제도에 따라 영업개시 10일내 관할
사회보장기관에 신고할 의무가 있다. 사회보장기금(CNAS: Caisse Nationale des
Assurances Sociales des Travailleurs Salariés)에 가입, 동 기금에 급여자와 견습자
를 등록하고 급여의 일정 비율을 사회보장기금에 납부해야 한다. 사회보장기금
에 납부하는 비율은 급여자 월급의 35%에 달한다. 이 중 고용주는 26%, 피고용
자는 9%로 기업의 부담이 적지 않다. 사회보장세(35%)는 총 급여에서 수당을
제한 금액이다. 피고용인이 10명 이하일 경우 매 분기 이후 30일 이내에 하고,
피고용인이 10명 이상일 경우 익월 30일 내에 납부하여야 한다.

사회보장세 세부내역	기업	근로자	Total
사회보장(Social Insurance)	12,50%	1,50%	14%
근재보험(Work Accident & occupational diseases)	1,25%	–	1,25%
퇴직금/노령연금(Retirement)	10,50%	6,75%	17,25%
고용보험(Unemployment Insurance)	1%	0,5%	1,5%
조기(명예)퇴직금(Anticipated Retirement)	0,25%	0,25%	0,5%
사회복지기금(National Fund for Social Service(FNPos))	0,5%	–	0,5%
Total	26%	9%	35%

자료: 알제리 KPMG

　이 외에도 건설기업(고용주) 입장에서 건설 노동자들을 위한 유급휴가악천
후보상기금(CACOBATPH: Caisse National des Congés Payés et du Chômage
Intempéries des Secteurs du Bâtiment, Travaux Publics et Hydrauliques)과 작업자안
전기금(OPREBAT: Organisme Professionnel Algérien de Prévention du Bâtiment des
Travaux Publics et de l'Hydraulique)에 대해 추가로 납부해야 한다. 납부 기준은
아래와 같다.

CACOBATPH: 건설분야에 해당되는 기금으로, 에너지 산업은 납부대상에 포함되지 않으나, 공
　　　정 중 건축, 토목, 수자원 분야가 포함될 경우 납부 의무가 부과된다. 계산방식은 기본급
　　　여 + 고정O/T(식대 및 교통비 제외)의 0.75%를 고용주와 노동자가 반반씩 납부하고, 그
　　　와 별도로 유급휴가 보상기금으로 기본급여 + 고정O/T의 12.21%를 고용주가 납부한다.

OPREBAT: 현장근로자들의 안전기금 성격으로 **기본급여+고정O/T**의 0.13%를 고용주가 사회
　　　보장세와 같이 부담한다.

2. 관리업무

1) 통번역 업무

　현지에 정착하기 위해서는 그 나라의 문화, 제도, 관행 등을 알아가는 단계
가 필요하다. 하지만 그 전에 현지인과 소통을 해야 하고 소통하기 위해서는 최
소한의 현지 언어를 구사토록 공부를 하는 것이 바람직하다. 실제 해외진출, 사
업의 수주 및 착수에 있어 언어의 장벽은 생각보다 크게 작용하고 극복해야 할

과제 중 하나일 수밖에 없다. 알제리에서 사용하는 국어는 아랍어다. 하지만 "알제리 아랍어"의 많은 단어들이 베르베르, 프랑스, 터키, 스페인어에서 차용되어 주변국(모로코, 튀니지, 리비아) 사람들과 대화는 가능하나 타 중동 국가에서는 이해하기 어려운 방언으로 이를 구사할 수 있는 외국인은 극히 드물다고 본다. 또한 장기간에 걸친 프랑스 식민지배 영향과 프랑스어를 어려서부터 가정에서 습득하여 현지 상용언어로 통용되고, 수도권 및 대도시에 거주하는 다수의 국민이 프랑스어를 자유롭게 구사하는 것이 특징이다.

2015년 9월 16일(2Dhou El Hidja1436) 공공사업관련 대통령령 15 − 24765조에 따르면 입찰공고 시 관보(BOMOP: Bulletin officiel des marchés de l'opérateur public) 및 2개의 일간지에 아랍어와 1개의 외국어로 공고토록 하고 있다. 이에 따라 발주공고 및 입찰지침서 등은 아쉽게도 대부분 영어가 아닌, 아랍어와 프랑스어로 제공되는 경우가 많다. 다만 간혹 주요하다 판단되는 국제입찰은 영문 공고와 지침서가 제공되는 경우가 있으나, 제안서 제출을 불어로 요청하는 경우가 대부분이어서 어려움이 따르는 것이 현실이다.

그나마 프랑스어로라도 입찰 지침서와 자료가 제공되는 점이 유일한 위안이다. 그래서인지 오래전부터 알제리에는 프랑스, 캐나다, 그외 불어와 유사한 라틴 계열의 언어를 활용하는 유럽국가 기업들이 진출해 있었다. 현지 사무소 운영시에는 원활한 의사소통을 위하여 프랑스어 가능 직원 1~2명을 파견해야 한다. 프랑스어를 소화하는 사람이 한명도 없다면 생활 자체가 어려워질 수 있고 추진하는 사업도 의도하는 방향과 다른 방향으로 진행될 수 있기 때문이다.

한국어 제안서만 작성할 경우 기존 자료 또는 유사 보고서를 참고 및 인용하는 방식으로 시간을 단축할 수 있겠으나, 프랑스어 문서번역은 기존자료의 표현과 특성, 형식까지 고려하여 번역해야 하므로 통상 국문서류 작성에 필요한 시간보다 장시간이 소요된다. 경험상 난이도에 따라 편차는 있겠으나 프랑스어 구사 직원이 한−불/불−한 번역 작업을 할 경우 A4기준 하루 평균 7장 정도의 진도가 가능할 것이라고 본다. 때문에 시일이 급한 입찰 번역의 경우 다수의 번역인력이 동시 투입된다. 이럴 경우 번역시간은 줄일 수 있겠으나, 용어 통일이 어렵기에 번역감수 과정이 필수적이다. 이는 모든 불어 구사자가 같은 지식수준과 해당 용어의 표현을 다르게 하고 있기 때문이다. 결국 기업에서는 번역 전 해당 직원에게 관련 프로젝트 및 전문용어에 대한 이해를 시켜주는 교육과정과 기존 유사 프로젝트 자료를 제공하여 성과품질을 높일 수 있도록 도와야 한다. 관련 분야에 익숙지 않거나 해당언어 능력이 떨어지는 사람이 번역을 맡을 경우 입찰서 및 설계도서 등과 같은 각종 서류의 번역과 편집 시간이 추가로 발생한다. 또한 입찰문서가 프랑스어로 작성되기에 관련 분야 지식과 경험이 부족한 상태에서 과업범위에 대해 잘못 이해한 상태로 번역할 경우 평가결과에도 영향을 미칠 수 있다.

한국에서는 입찰시 프랑스어본 제안서가 제출 및 평가 대상임에도 한글본 제안서 작성에 많은 시간을 할애하여 결국 프랑스어 제안서를 제대로 준비 못하는 실수가 초기 해외진출 업체에서 종종 발생한다. 한글본대로 번역본이 나올거라는 생각하지만 한국어에서 프랑스어로 번역시 문장이 길이가 달라지는 경우가 많아 결국 페이지나 디자인이 변경될 수밖에 없다. 저자의 생각에는 한국어본은 내용에 충실한 것으로 만족하고 번역본에 더 많은 시간과 관심을 쏟는 것이 제안서의 품질을 올리는 접근 방식이라 생각된다. 또한 한명의 번역 인력을 두고 여러 유관부서에서 개별적인 요청을 하는 경우 업무의 효율이 저하되므로 담당자(코디네이터)를 지정하여 업무를 체계적으로 관리할 필요도 있다.

현실적으로 현지에서 유사경험이 있는 우수한 한-프랑스어 통역을 구하는 것은 매우 어려우며, 특히 건설 및 플랜트 분야의 전문 통역인을 구하는 것은 더욱 어렵다. 프랑스어 통번역인력은 주로 한국 또는 인근 프랑스에서 영입하거나 타 기업에 재직경험이 있는 사람에게 영입제안을 해야 하는 번거로움도 따른다. 알제리와 프랑스는 행정체계가 흡사한 부분이 존재하여, 알제리 체류 경험이 없다면 빠른 적응을 위하여 프랑스 체류경험을 확인해볼 필요도 있다.

▎ 아프리카 주요 언어권별 국가현황

영어권	가나, 감비아, 나미비아, 나이지리아, 남아프리카공화국, 라이베리아, 우간다, 보츠와나, 스와질란드, 잠비아, 짐바브웨, 케냐, 탄자니아 등
프랑스어권	가봉, 니제르, DR콩고, 마다가스카르, 모로코, 모리타니, 세네갈, 알제리, 중앙아프리카공화국, 지부티, 차드, 카메룬, 코트디부아르, 토고, 튀니지 등
포르투갈어권	기니비사우, 모잠비크, 상투메프린시페, 앙골라, 등
기타	수단(아랍어), 적도기니(스페인어)

2) (국내)해외건설협회 신고

해외건설촉진법제2조(정의) 5호에 의거 "해외건설업자"라 함은 해외건설업 신고를 하고, 직접 또는 현지법인을 통하여 해외건설업을 영위하는 개인 또는 법인으로 규정하고 있다. 국내에서 건설업을 하는 업체는 해외공사에 참여하기 위해 해외건설업신고를 하고 신고필증을 교부받아야 한다. 신고 조건 및 절차는 국내건설업면허 또는 등록증을 소지하고 해외건설업신고서와 함께 사업자, 건설업 등록증 등 신고자격 서류를 첨부하여 해외건설e정보시스템(http://yes.icak.or.kr)에 제출하면 된다.

해외건설협회는 국토교통부로부터 일정부분의 업무를 위임받고 일부 해외건설 관련업무를 대행하고 있다. 등록된 기업은 해외건설촉진법에 의해 해외공사업 신고 및 제반 보고규정을 준수해야 하고 의무적으로 수주활동, 계약체결, 시공상황, 공사내용변경, 준공, 실적 등을 해외건설협회에 보고해야 한다. 국내 back office관련 부서에서 관리하고 정기적으로 보고를 하겠으나, 현지에 나와 있는 담당자의 협조가 요할 수 있기에 기본사항은 숙지하고 있는 것이 바람직하다.

수주활동
도급공사: 입찰예정일 10일 전까지
개발형공사: 공사 시행개시일 20일 전까지
허위보고 또는 미보고시 과태료: 300만원 이하
근거규정: 법 제13조, 시행령 제17조, 시행규칙 제11조
관련보고: 수주활동상황보고

계약체결
사유발생한 날로부터 15일 이내
허위보고 또는 미보고시 과태료: 300만원 이하
근거규정: 법 제13조, 시행령 제17조, 시행규칙 제13조
관련보고: 계약체결결과보고

착공/시공
매 반기 종료 후 30일 이내
허위보고 또는 미보고시 과태료: 300만원 이하

근거규정: 법 제13조, 시행령 제17조, 시행규칙 제15조
관련보고: 시공상황보고

공사내용 변경/제반사고
사유가 발생한날부터 15일 이내
허위보고 또는 미보고시 과태료: 300만원 이하
근거규정: 법 제13조, 시행령 제17조, 시행규칙 제18조
관련보고: 공사내용변경보고
제반사고보고: 공문, 보고서(일시, 장소, 관련자, 사고내용(피해상황 및 사고발생원인 포함))

준공
사유발생한 날로부터 15일 이내
허위보고 또는 미보고시 과태료: 300만원 이하
근거규정: 법 제13조, 시행령 제17조, 시행규칙 제17조
관련보고: 준공보고

실적신고
매년 초(1~2월)에 전년도 공사수행(계약, 기성, 기성수령)이 발생된 모든 공사
관련법령: 해외건설촉진법, 동 시행령, 동 시행규칙

　　국내외 건설사로부터의 하도급 방식의 수주활동을 하였더라도 관련법의 적용을 받기에 신고 대상이 되며, 해외건설업신고사항이 변경되었음에도 누락하거나, 허위보고 또는 30일 이내 미보고시에는 해외건설촉진법 제41조 제1항의 규정에 의거하여 300만원 이하의 과태료과부과와 관련 공사에 대한 실적을 인정받지 못할 수도 있어 유의해야 한다. 보고는 해외건설회e정보시스템(http://yes.icak.or.kr/) 접속을 통해 가능하며, 담당부서 연락처는 아래와 같다.

• 수주활동상황보고, 계약체결결과 보고, 공사내용변경보고
　해외건설협회 진출지원실 TEL : 02-3406-1039　　FAX : 02-3406-1150~57
• 시공상황보고, 준공보고
　해외건설협회 리스크관리처 TEL : 02)3406-1109　FAX : 02-3406-1150~57
• 실적신고
　해외건설협회 프로젝트지원처 TEL : 02-3406-1141　FAX : 02-3406-1150~57

3) 인센티브, 세금 및 신고절차

❶ 인센티브 제도

외국인의 대형 투자 사업은 국가발전과 연관될 경우 국가 투자위원회(CNI: Conseil National d'Investissement) 심의 후 지원을 받을 수 있다. 이 위원회는 총리를 위원장으로, 각 정부부처 장관들을 위원으로 구성되어 있다. 주 결의 내용은 투자진흥을 위한 전략, 지원자금, 투자협약 및 승인, 인센티브 부여 등 알제리 국가 발전을 위한 투자촉진과 다양한 사항들을 목적으로 한다. 국가정책 대형사업이 아니라도 알제리의 산업화, 경제발전에 도움이 된다고 판단될 경우 투자개발청(ANDI: Agence Nationale de Developpement et d'Investissement)에 면세 혜택을 신청할 수 있다. 투자개발청은 투자수속, 회사설립 지원과 설립회사들의 의무이행 등을 관리하며 알제리 내 투자촉진 및 관리를 주 업무로 하는 기관이다.

알제리 정부는 국책사업, 국영석유 회사 소나트락(Sonatrach)의 일부공사 등에 면세 및 부가세 감면 혜택을 부여하는 경우가 더러 있으며, 세부요건은 세무당국(www.mfdgi.gov.dz) 홈페이지에서 확인할 수 있다. 통상 사업자가 받을 수 있는 투자혜택은 일반(general regime)과 특별(special regime) 제도로 분류되며, 일반제도는 Executive decree No. 07-08 of January 11, 2007의 appendix 1에서 제외한 사항 외의 투자가 수혜 대상이다. 일반 투자제도의 인센티브는 사업준비 단계에서 수입장비 관세, 재화와 용역 부가가치세, 사업에 필요한 부동산 취득의 양도세 면제이며, 수행단계에서는 초기 3년간 법인세 및 전문 활동세(TAP: Tax on Professional Activities)를 면해주는 제도이다.

특별 인센티브 제도는 일반인센티브에서 적용받는 혜택 외에도 회사 설립시 세율 0.2% 할인, 일부 인프라 설치비용 알제리 정부부담 등이 추가된다. 특별제도는 수행단계에서 감가상각 기간 조정과 법인세 및 전문 활동세(TAP)가 10년간 면제되며 수혜를 받기 위해서는 정부가 지정한 지역 내 투자, 환경보호와 자연자원 보존, 에너지 절약, 신재생기술 등을 목표로 하고 있어야 한다. 하지만 인센티브 제도는 받은 혜택만큼 의무도 있어 철수 시에는 오히려 역으로 걸림돌이 될 수 있다. 추가정보 및 상세 내용은 투자개발청 홈페이지(www.andi.dz)에서 확인이 가능하다.

ANDI 신고서 작성 예시

투자신고서 작성법

REPUBLIQUE ALGERIENNE DEMOCRATIQUE ET POPULAIRE
MINISTERE DE L'INDUSTRIE ET DES MINES
AGENCE NATIONALE DE DEVELOPPEMENT DE L'INVESTISSEMENT
ANDI

GUICHET UNIQUE DECENTRALISE
DE (지역 Alger).................................
DECLARATION D'INVESTISSEMENT(투자신고서)
N° (투자신고 번호)............................... **Date** (일자)

I. IDENTIFICATIONDEL'INVESTISSEUR(투자자 정보)

1. Entreprise Individuelle(personne physique): (개인법인/자연인)

  − Nom, Prénoms: (성명)···
  − Nationalité   : (국적)···

2. Personne Morale: (법인)

  2.1 Dénomination : (법인명)·······································
  2.2 Forme juridique: (법인형태) SARL(유한) □   SPA(주식) □
                         EURL(개인) □   SNC(협동조합) □   AUTRES(기타) □
  2.3. Principaux Associés / Actionnaires: (주주정보)
  − Nom, Prénom ou dénomination commerciale: (법인명, 성명)
  − ....
  − Nationalité: (국적)..
  − Adresse: (주소)..
  − Nom, Prénom ou dénomination commerciale: ....
  − Nationalité: ....
  − Adresse: ....

3. Origine des capitaux(자본금 원천): RESIDENTS 국내
NON RESIDENTS 국외 MIXTES 합작

4. Secteur juridique(사/공기업): PRIVE 민간 PUBLIC 공공 MIXTE 합작

5. N° de registre de commerce: (사업자 등록번호) ....

6. N° d'immatriculation fiscale: (세무 등록번호) ....

7. Adresse du domicile fiscal: (세무 등록 주소지) ....

II. IDENTIFICATION DU REPRESENTANT LEGAL OU STATUTAIRE:(대표, 서명권자 식별)

1. Nom et prénoms: (성명) ....

2. Date et lieu de Naissance: (생년월일, 출생지) ....

3. Qualité: (직급, 권한). ....

4. Adresse personnelle: (주소) ....

5. Tél.: (전화번호) .... FAX: (팩스번호) .... E-mail: (이메일) ....

III. HISTORIQUE:(투자혜택 이력)

Avez-vous déjà bénéficié de(s) décision(s) d'octroi d'avantages
: 기존혜택 여부 Y[1] ☐   N ☐

- Si oui, indiquer les numéros et les dates des décisions: (기존 혜택 승인 일자)
- Décision n° (승인번호) du (승인 일자) type d'investissement (투자분야/종류)
- Décision n°......../........ du........../...........type d'investissement........./..........
- Décision(s) de prorogation de délai éventuellement: n° (연장승인 번호)
  du (승인일자)
- L'investissement projeté, existait-il sous une autre forme juridique avant sa
  déclaration au niveau de l'agence? (현 프로젝트를 ANDI에 타 형태로 신고여부)
      Y ☐   N ☐

---

1 Joindre copie de chaque décision (승인 사본 첨부)

IV. TYPE D'INVESTISSEMENT[2]: (투자종류)

- **CREATION** (신규투자, 기존자산 및 장비 재활용은 해당사항 없음) ☐

IMPORTANT: − La reprise d'une activité déjà existante sous une autre dénomination ou forme juridique même accompagnée d'un investissement complémentaire ne confère pas au projet le caractère de création.
La constitution de l'investissement à partir de biens déjà utilisés dans une activité existante ne confère pas également le caractère de création.

- **EXTENSION** (신규 장비구입 등을 통한 사업확장) ☐

IMPORTANT: − L'investissement d'extension vise exclusivement l'accroissement de capacités de production généré par l'acquisition de nouveaux moyens de production. L'acquisition d'équipements complémentaires annexes et connexes ne confère pas à l'investissement le caractère d'extension.

- **REHABILITATION** (생산 증대를 위한 노후장비 교체, 재개발) ☐

IMPORTANT: − La réhabilitation consiste en des opérations d'acquisition de biens et de services destinés à palier l'obsolescence technologique ou l'usure temporelle des matériels et équipements existant ou à en accroître la productivité.

- **RESTRUCTURATION** (구조조정, 사업 재편성) ☐

IMPORTANT. La restructuration peut consister en la création d'une activité soit à partir de la fusion de deux ou de plusieurs activités, soit de la scission d'une activité avec création d'une ou de plusieurs autres, soit la simple modification du périmètre d'une activité avec ou sans essaimage. Elle n'ouvre droit aux avantages que si elle est accompagnée d'un investissement.

V. NATUREETCONSISTANCEDUPROJET (프로젝트 개요)

1. Domaine(s) et code(s) d'activité (s) :
(프로젝트 분야 및 업태번호) ....
....
....

2. Consistance du projet :
(프로젝트 내용) ....
....
....

---

2 Cocher la case correspondante (해당 칸 표시)

3. Lieu (x) d'implantation du projet :

(프로젝트 위치) ....
....
....

4. Emplois directs prévus(en sus de ceux existants éventuellement)
: (직접고용 계획)

- ▸ Exécution : (실행)...............
- ▸ Maîtrise   : (관리)...............
- ▸ Encadrement : (감독)...............

5. En cas d'extension, restructuration, réhabilitation: (사업확장, 재편성 시)

- ▸ Emplois existants : (기존 직원)...............
- ▸ Montant des investissements bruts figurant au dernier Bilan(milliers DA)
  (마지막 재무제표에 표기된 투자액(단위: 천 DA)) ....

6. Impact sur l'environnement(pollution, toxicité, nuisance): préciser si
   le projet nécessite une étude d'impact sur l'environnement
   : Oui ☐   Non ☐
   (환경에 미치는 영향, 환경평가/조사 필요여부)

   Si Oui, préciser les mesures envisagées pour la protection de l'environnement.
   (필요조치계획)..

7. Durée de réalisation projetée (Nombre de mois)
   : (프로젝트 기간 (개월 수)) ....

8. STRUCTURE DE L'INVESTISSEMENT ELIGIBLE AUX AVANTAGES
: (혜택 승인 가능 투자)

En milliers de DA(디나(DA) 1,000단위)

Rubriques(항목)	Montant(금액)
Frais préliminaires(사전조사/투자 비용)	
Terrain(토지비용)	
Construction(공사비용)	
Equipements de production(생산장비 비용)	
Services(서비스 비용)	
Total(총액)	

9. COUT GLOBAL DE L' INVESTISSEMENT: (총 투자금액)

En milliers de DA(디나(DA) 1,000단위)

Designation	Import(수입)	Local(현지)	Total(총액)
Biens et services bénéficiant des avantages fiscaux (세제혜택 투자금액)			
Biens et services ne bénéficiant pas des avantages fiscaux(세제혜택 불가 투자금액)			
Dont apports en nature(현물투자)			
Total(총액)			

10. DONNEES FINANCIERES DU PROJET(en milliers de DA):
: (프로젝트 재무정보(디나(DA) 1,000단위))

• Montant des apports en fonds propres: (자기자본투자액)
  — En devises[3]: (외화)   dont en Nature[4](현물 분)......
  — En dinars[5] : (현지화 디나(DA))   dont en Nature[6](현물 분)......

• Emprunt bancaire: (프로젝트 대출금액) ....

---

3 Concerne les non résidents. Contre valeur exprimée en monnaie nationale.
 (비거주자/해외 투자자 작성)
4 En monnaie nationale (현지화)
5 En monnaie nationale (현지화)
6 En monnaie nationale (현지화)

- Banque domiciliataire du projet: (주거래 은행)........................

- Subventions éventuelles: (보조금, 지원금)...............................

- Je m'engage sous les peines de droit à: (서약 및 미준수 시 법적 처벌)

  - ne pas céder, jusqu'à amortissement total, le matériel acquis sous régime fiscal privilégié, ainsi que le matériel existant au sein de mon entreprise avant extension. (기존 장비를 포함하여 감가상각 완료까지 세제혜택을 부여 받은 장비는 양도 금지)

  - à fournir, aux services fiscaux concernés, l'état annuel d'avancement du projet. (해당 세무당국에 연도별 진행사항 통보)

  - à faire établir, par les services fiscaux concernés, le constat d'entrée en exploitation au plus tard à l'expiration des délais de réalisation qui m'ont été consentis. (해당 세무당국을 통하여 주어진 기한 내 사업 개시사항 통보)

  - à signaler à l'agence toutes modifications de tous éléments concernant mon investissement. (투자변경사항 통보)

ll. Le dépôt du dossier doit être effectué par l'investisseur lui-même ou toute personne le représentant sur la base d'une procuration.
(당사자 또는 위임자를 통하여 직접 신청)

Je soussigné (e)   M (대표자 성명) ....

agissant pour le compte de (회사명) ....en qualité de

(직급, 권한) .... atteste avoir pris connaissance des différentes dispositions ci dessus et déclare, sous peines de droits, que les renseignements figurant sur la présente déclaration d'investissement sont exacts et sincères.
(제출 내용에 거짓이 없음을 서약)

Signature légalisée de l'investisseur

蘇鷦 욢왩(서명, 직인)

CADRE RESERVE A L'AGENCE
(관할 기관 작성)

Nom   et   Prenom   du   Cadre
d'Accueil:

....

....

Signature et Cachet:

세제혜택 목록 작성예시 (ANDI LIST)

REPUBLIQUE ALGERIENNE DEMOCRATIQUE ET POPULAIRE
MINISTERE DE L'INDUSTRIE ET DES MINES

AGENCE NATIONALE DE DEVELOPPEMENT DE L'INVESTISSEMENT
- ANDI -

GUICHET UNIQUE DECENTRALISE
DE (지역 Alger) ....

LISTE DE BIENS ET DE SERVICES BENEFICIANT DES AVANTAGES FISCAUX

N° (신고번호)......... **du** (일자)......... **Nature** (성격/형태).........

- DECISION D'OCTROI D'AVANTAGES N° (승인번호).......DU (승인일자).........
- PROMOTEUR : (회사명)
- ADRESSE DU DOMICILE FISCAL : (세무 등록 주소지) ······
- TEL: (전화번호)································FAX: (팩스번호)

QUANTITE (수량)	DESIGNATION (항목)

*상세하게 모든 항목(면세구매 예상품목) 기술

Je soussigné (e) M (신고자 성명) .... déclare que les biens figurant dans la présente liste sont destinés à la réalisation de l'investissement objet de la décision d'octroi d'avantages n° (승인번호) du (승인일자) .... Je m'engage, sous les peines de droit à leur conserver leur destination déclarée jusqu'au terme de la période légale d'amortissement.

Signature légalisée de l'investisseur

(서명, 직인)

현물투자 목록신고서 작성예시

REPUBLIQUE ALGERIENNE DEMOCRATIQUE ET POPULAIRE

MINISTERE DE L'INDUSTRIE ET DES MINES
AGENCE NATIONALE DE DEVELOPPEMENT DE L' INVESTISSEMENT
– ANDI –

GUICHET UNIQUE DECENTRALISE
DE (지역 Alger) ....

LISTE DES BIENS CONSTITUANT APPORTS EN NATURE
LISTE ETABLIE SUIVANT DECLARATION
N° (신고번호)　DU　(일자)

QUANTITE (수량)	DESIGNATION (항목)

La présente liste constitue les apports en nature effectués, au profit de la société (회사명) ....
par Mr (신고자 성명) ....agissant en qualité de (직급, 권한)..destinés à la réalisation de l'investissement objet de la déclaration d'investissement n°(신고번호) .... du(일자) ....

Elle ne vaut que pour attestation de déclaration d'apport en nature opérée conformément à l'instruction de la banque d'Algérie n°45/DG.C/96 du 05 novembre 1997 portant application de l'article 123 alinéa 2 de la loi de finances pour 1994 et ne saurait donner lieu à cumul d'avantages avec la liste des équipements et services bénéficiant de privilèges fiscaux.

Signature légalisée de l'investisseur

(서명, 직인)

투자혜택 신청서 작성예시

REPUBLIQUE ALGERIENNE DEMOCRATIQUE ET POPULAIRE
MINISTERE DE L'INDUSTRIE ET DES MINES
AGENCE NATIONALE DE DEVELOPPEMENT DE L'INVESTISSEMENT

GUICHET UNIQUE DECENTRALISE
DE (지역 Alger) ....

DEMANDE D'AVANTAGES DE REALISATION

(Conformément l'ordonnance n° 01-03 du 20 août 2001 relative au développement de l'investissement, modifiée et complétée)

Je soussigné M(신고자 성명) ....
Agissant pour le compte de(회사명) ....
...en qualité de(직급, 권한) ....
....sollicite, dans le cadre de la déclaration
n° (신고번호)............................. du(일자) .... le bénéfice
des avantages tenant au régime (1) ci-dessous indiqué.

1. Régime Général (일반제도)   ☐

2. Régimes dérogatoires (예외/특별제도)   ☐

    2.1. Zones dont le développement nécessite la contribution de l'Etat   ☐

       (국가지원 필요 지역)

    2.2. Régime de la convention (협약에 의한)   ☐

Signature de l'investisseur
(서명, 직인)

(1) - cocher la case correspondante (해당칸 표시)

2006년 8월 31일부터 발효된 한국과 알제리간 소득과 자본에 대한 조세의 이중과세 회피와 탈세방지를 위한 조세조약 체결로 알제리에서 납부한 일정 세금은 국내에서 공제받을 수 있고 협약이 적용되는 범위는 다음과 같으며, 세부 내용은 국세법령정보시스템(https://txsi.hometax.go.kr/docs/main.jsp) 홈페이지에서 확인할 수 있다.

▎ 대상조세

한국	알제리
❶ 소득세	❶ 종합소득세
❷ 법인세	❷ 기업이윤세
❸ 주민세 및	❸ 전문활동세
❹ 농어촌특별세	❹ 총액세
	❺ 세습상속세 및
	❻ 탐사, 연구, 개발, 탄화수소의 파이프라인수송의 활동결과에 대한 사용료 및 조세

❷ 세금 및 신고 절차

현재까지 알제리는 신용카드가 활성화되지 않고 수표를 받아주질 않아 현금을 직접 들고 다니며 모든 지출을 납부해야 했다. 하지만 세무서와 CNAS는 오히려 현금을 받지 않기 때문에 필히 수표(Chéquier/check book)를 들고 방문해야 납부가 가능하다.

세무서 신고양식은 지역마다 미묘하게 상이하나, 일반적으로 양식과 틀이 흡사하여 첨부한 예시를 이해하고 이를 토대로 작성하여 제출하면 된다. 알제리에서 세금납부는 매월 20일을 기준으로 하며 세금신고 양식 G50을 작성하여 매출이 발생하지 않는 연락사무소(지사)는 지방 세무서에 법인과 고정사업장은 지방 및 중앙 세무서(DGE: Direction des grandes entreprises)에 각각 제출해야 한다. 중앙세무서의 경우 홈페이지에 전문활동세(TAP) 등 전자신고 란이 있어 전자신고가 가능할 것으로 보이나, 접속이 불안하고 어려움이 있어 아직까지는 대부분이 활용하지 않고 직접 방문신고를 한다. 세금신고 양식 G50 제출과 함께 소득세, 전문활동세, 법인세, 부가가치세 등의 해당납부를 원칙으로 한다. 매월 20일 전으로 세금신고를 하기 위한 대기자가 많아 시간이 오래 걸리는 만큼 1주 전부터 신고를 사전준비하여 미리 신고하고 세금을 납부하는 것이 바람직하다.

알제리 수표(Chèque/Check) 작성법

Chèque n° :

بريد الجزائر
ALGERIE POSTE

DA 금액 (숫자) 500

Payez, contre ce chèque   금액 (글) CINQ CENT DINARS

إدفعوا مقابل هذا الصك

A l'ordre de   지급업체 상호명 KOREA CONSTRUCTION

لأمر

Payable à   يوفي

지급 장소 Alger   Le   지급일자   في

00020

M. HOCINE

계좌 주 서명

Série :   AP

PRIERE DE NE RIEN ECRIRE DANS LA ZONE BLANCHE

الرجاء عدم الكتابة في المساحة البيضاء

세목과 과세표준, 세율, 신고기한을 간략하게 정리하였으니 이를 토대로 확인하면 이해에 도움이 되리라 생각된다.

과세표준

세목	과세표준	세율			신고기한	비고
		구분	고용인	종업원	계	
사회보장세 (CNAS)	급여 및 수당 (식대&교통비 수당 제외)	사회보장 (Social Insurance)	12.50%	1.50%	14.00%	익월 30일 · 고용일 10일내 등록 · 종업원 10인 이하 분기별 납부 · 가산세 5%
		근재보험 (Work Accident Accident & occupational diseases)	1.25%	0%	1.25%	
		퇴직연금 노령연금 (Retirement)	10.50%	6.75%	17.25%	
		고용보험 (Unemployment Insurance)	1.00%	0.50%	1.50%	
		조기퇴직 (Anticipated Retirement)	0.25%	0.25%	0.50%	
		주택촉진/사회복지기금 (National Fund for Social Service(FNPos))	0.50%	0%	0.50%	
		계	26.00%	9.00%	35.00%	

세금	과세표준	세율			납부기한	비고
		산업안전기금	급여보상	계		
근로자 안전기금 (OPREBAT)	급여 및 수당 (식대&교통비 수당 제외)	0.13%	0%	0.13%	익월 30일	• 고용일 10일내 등록 • 종업원 10인 이하 분기별 납부 • 가산세 5%
		연차수당/유급휴가 회사부담분	악전기후 급여상 실직수당 회사부담분	실직수당 개인부담분 / 계		
유급/실업휴가기금 (CACOBATPH)	급여 및 수당 (식대&교통비 수당 제외)	12.21%	0.38%	0.38% / 12.96%	익월 30일	• 고용일 10일내 등록 • 종업원 10인 이하 분기별 납부
개인소득세 (IRG)	Taxable Salaries	0~10,000 → – 10,001~30,000 → 20.00% 30,001~120,000 → 30.00% 120,000 초과 → 35.00%			익월 20일	• 상시 근로자 20인 이상 시 납부
직업 훈련(1%) 및 도제세(지방세)	Taxable Salaries	급여의 2%(혹은 상응하는 사내 교육 실시)			익월 20일 전	• 사업소재지 납부
전문활동통세(지방세) (TAP)	수금액(선수금 포함)	2.00%			익월 20일	• 매 기성금 수금시마다 2% 공제
부가세 (VAT)	재화&용역	17%			익월 20일	• 컴퓨터, 신문, 제빵 등 7%
법인세 (IBS)	Taxable Profit	23%(건설, 공공사업, 수자원 등) 19%(제조업) 26%(서비스업)			*확정신고 익년 4월 30일	• 단일세율 적용 • 매출 1억디나 이상은 중앙세무서 • 매출 1억디나 미만은 지방 세무서 • 선수금 및 기성금 수령시 공급가액의 0.5% 선납 • 결손금 5년간 이월처리 됨
유사배당세	법인세 공제 후 영업이익	15%			익년 4월 30일	• 단일세율 적용
원천징수세 (withholding tax)	계약금액	거래 발생 금액의 원천징수 24% + 등록세 3%			익월 20일	• 회사 이익을 역외로 송금 시 • 알제리 내 사업장이 없는 외국인 회사의 용역/계약금 단일 해외송금

G50 양식

Série G. N° 50 (2003)

ATTENTION

La présente déclaration doit être déposée à la recette des impôts dans les **VINGT PREMIERS JOURS DU MOIS**

CODE ACTIVITE

DIRECTION GENERALE DES IMPOTS

DIRECTION DES IMPOTS DE LA

WILAYA DE .... 도시

INSPECTION DES IMPOTS
DE........ 중앙/지역세무서

RECETTE DES IMPOTS
DE........ 중앙/지역세무서

COMMUNE DE :

N.I.S. NIS 번호

ARTICLE D'IMPOSITION

T.I.N TIN 번호

MOIS DE : 월, 연도
TRIMESTRE ... 분기

A RAPPELER OBLIGATOIREMENT

IMPOTS ET TAXES PERCUS AU COMPTANT
OU PAR VOIE DE RETENUE A LA SOURCE

DECLARATION TENANT LIEU DE BORDEREAU - AVIS DE VERSEMENT

M···: 회사명
(Nom et Prenom - raison social)

Activité / Profession:... 업종/분야
Adresse: ... 사업장, 현장주소

Nature des impôts	Code	Opération imposables	Chiffre d'affaires brut	Chiffre d'affaires imposables Recettes professionnelles imposables	Taux	Montant à payer (en D.A.)
TAP 전문 활동세	C 1 A 11	Affaires bénéficant d'une réfaction de 50 %			2%	납부액 2%
	C 1 A 12	Affaires bénéficant d'une réfaction de 30 %		해당 월 기성금액		
	C 1 A 13	Affaires sans réfaction				
	C 1 A 14	Affaires exonorées				
	C 1 A 20	Recettes professionnelles (Professions libérales)				
		Préciser autres taux de réfaction le cas échéant		총액	=	전문활동세 납부액 **1**
		TOTAL				

Determination des acomptes et du solde de liquidation 법인세 0.5% 선납(익년 4월 정산/확정신고)

		Acomptes et Solde I.B.S				Montant à payer (en D.A.)
AP/IBS 법인세	E 1 M 10	Acompte provisionnel			0.50%	기성액의 0.5%
	E 1 M 10	Solde de Liquidation				
		TOTAL				법인세 총액 **2**

		Catégories de revenus soumis au versement forfaitaire		Revenus nets imposables	Taux	Montant à payer (en D.A.)
VF 수당 및 기타급여	C 1 C 10	Traitements salaires emoluments Primes.Indemnités rémunérations diverses		수당 및 기타급여	요율	납부세액
						수당 및 기타급여 **3**

		Catégories de revenus soumis au versement forfaitaire		Revenus nets imposables	Taux	Montant à payer (en D.A.)
					Barème	소득세 총액
IRG / Salaires 소득세	E 1 L 20	IRG / Traitements salaires. Pensions et rentes viagères		직원 급여	10 %	
Autres Retenues à la source I.R.G	E 1 L 30	IRG / revenus des Créances Dépots et Cautionnements (Titres nominatifs)			15 %	
	E 1 L 40	IRG / Bénéfices distribués par les Sociétés de capitaux et Libératoire			30 %	
	E 1 L 60	IRG / revenus des bons de caisse anonymes			15%	제외금액이 24%
	E 1 L 80	IRG / Autres retenues à la source		제외금액(원천징수)	24%	
Retenues à la source I.B.S 원천징수세	E 1 M 30	IBS / Revenus des Entreprises Etrangères non Installées en Algérie (Prest de Services)				
	E 1 M 40	IBS / Autres retenues à la source				소득세+원천징수 총액 **4**
		TOTAL				

(1) joindre relevé détaillé des retenues à la Source par Entrprise

DROIT DE TIMBRE SUR ETAT		Opération imposables	Chiffre d'affaires imposables	Taux	Montant à payer (en D.A.) 5
5　인지세	E 2 M 00	세금 현금납부 시 인지세 대상 총액			
		TOTAL			

IMPOTE ET TAXES NON REPRIS CI-DESSUS		Opération imposables	Chiffre d'affaires imposables	Taux	Montant à payer (en D.A.) 6
		직원 20명 이상일 경우 taxe d'apprentissage pour le personnel(도제세)		1%	직원급여 1%
6　기타세금		직원 20명 이상일 경우 taxe de formation pour le personnel(교육세)		1%	직원급여 1%
		TOTAL			

RECAPITULATION (EN DA)

1 - TAP	C/500026/A	전문활동세 총액
2 - AP/ IBS	C/500026/A	법인세 총액
3 - VF	C/500026/A	기타 소득세 총액
4/1 - IRG/ Salaires	C/500026/A	소득세 총액
4/2 - IRG/ Autres Ret.Source	C/201001/101/A/B/C	기타소득 원천징수 총액
4/3 - IBS/ Retenues à la source	C/201001/M2 et 3	법인세 원천징수 총액
- TIC	C/201003/303/A/B	인지세 총액
5 - Droit de Timbre	C/201002/201	기타세금
6 -	C/	VAT 총액
7 - TVA	C/201003/300/A/B/C	
MONTANT TOTAL A PAYER		총 납부 세액

Cadre réservé au contribuable

Certifie sincère et véritable le contenu de la présente déclaration et conforme aux documentcomptables.

A.. 작성지　　　Le 일자

CACHET　　SIGNATURE

직인　　　　서명

Cadre réservé à la recette des impots

Reçu - ce jour la présente déclaration enregistrée sous le numéro:.........

Payée – par chèque bancaire N° ....
Du :.............. tirée sur l'Agence : ....
.- par chèque Postal N° ....du...
.- en numéraire : ....

Prise en recette par quittance N° ......de ce jour

A ....de ce .... Le ....

Le Receveur des Impots
CACHET　　　　SIGNATURE
세무서 작성 사항

Cadre réservé à l'inspection des impots

Déclaration en registrée :

Observations éventuelles :

세무서 작성 사항

TAXE SUR LA VALEUR AJOUTEE 부가가치세

Les chiffres d'affaires et les revenus sont inscrits
en dinars, le dernier chiffre étant ramené au zéro
(exemple : 325.626 D.A. = ➔ 325.620 D.A.)

A/ Chiffres d'affaires Imposables 과세대상 매출

Code	Opérations assujetties à la TVA	Chiffre d'affaires Total	Chiffre d'Affaires Exonéré	Chiffre d'Affaires Imposable	Taux	Montant des Droit (en D.A.)
E 3 B 11	Biens produits denrées visées par l'article 23 du C/ TCA				"	
E 3 B 12	Prestations de Services visées par l'article 23 du C/ TCA				"	
E 3 B 13	Opération Immobilières visées par l'article 23 du C/ TCA				"	
E 3 B 14	Actes médicaux				"	
E 3 B 15	Commissionnaires et Courtiers					
E 3 B 16	Fourniture d'énergie					
E 3 B 21	Production : biens produits denrées visées par l'article 21 du C/ TCA				17 %	수령액의 17%
E 3 B 22	Revente en l'état : biens produits denrées visées par l'article 21 du C/ TCA				"	
E 3 B 23	Travaux Immobiliers autres que ceux soumis au taux de 7 %		면제거래액	VAT 대상 매출	"	
E 3 B 24	Professions libérales				"	
E 3 B 25	Opérations de Banques et d'Assurances				"	
E 3 B 26	Prestations de téléphone et de télex				"	
E 3 B 28	Autres prestations de Services				"	
E 3 B 31	Débit de boissons				"	
E 3 B 32	Production : biens produits denrées visées par l'article 21 du C/ TCA				"	
E 3 B 33	Revente en l'état : biens produits denrées visées par l'article 21 du C/ TCA				"	
E 3 B 34	Tabac et allumettes				"	
E 3 B 35	Spectacles , jeux, divertissements autres que ceux de l'article 21 du C/TCA				"	
E 3 B 36	Autres prestations de Services visées par l'article 21 du C/TCA				"	
E 3 B 37	Consommation sur place				"	

매월 매출액

TOTAL GENERAL DES CHIFFRES D'AFFAIRE 공제

B/ Déduction à Opérer 공제

	NATURE DES DEDUCTIONS	MONTANT
E 3 B 91	Précompte antérieur (mois précédent)	전월 VAT
E 3 B 92	TVA sur achats de biens matières et services (art 29 C/T.C.A.)	금월 VAT
E 3 B 93	TVA sur achats de biens amortissables (art 38 C/T.C.A.)	감가상각 자산 VAT / 추가 공제
E 3 B 94	Régularisation du prorata (déduction complémentaire) (art 40 C/T.C.A.)	취소 청구분
E 3 B 95	TVA à recupérer sur factures annulées ou impayées (art 18 C/T.C.A.)	기타 공제
E 3 B 96	Autres déductions (Notification de précompte , etc ···.)	
	Total des déductions a opérer (B)	공제 총액

C/ TVA à Payer VAT 납부

C	- Total des droits dus	총 납부 VAT
E 3 B 97	Régularisation du prorata (art 40 C/T.C.A.) (+)	
	(Déduction excedentaire)	
E 3 B 98	- Reversement de la déduction (art. 37 C. T.C.A.) (+)	
	TOTAL A RAPPELER (C)	
B	- Total des déductions a opérer (B) (-)	공제 총액
E 3 B 00	**TVA à payer au titre du mois (C - B)**	납부액 > 차감액
E 3 B 99	Précompte à reporter sur le mois suivant (B - C)	차감액 > 납부액

7

4) 기성수금 및 송금절차

❶ CEDAC 및 INR 계좌

지금은 알제리도 많이 발전하였다고 하나, 저자 근무 당시 알제리 금융거래는 느리고 자금집행은 주로 현금으로만 이루어졌었다. 은행마다 상이하겠으나, 대부분 30만 디나(DA) 이상을 인출 또는 송금할 경우 최소 2~3일에서 길게는 1주 이상의 시간을 두고 미리 준비해야 했었다. 같은 은행이라도 입출금 서비스조차 타 지점에서는 불가하여 계좌 개설지점에 직접 들려 신청해야 하는 번거로움도 있었고 개인수표(chèque)를 발행하여도 해당 계좌에서 돈이 인출되기까지 상당한 시일이 소요되어 자금관리에 항상 신경이 쓰였다. 알제리도 꾸준히 발전하고 있지만, 핸드폰으로 주식거래까지는 아니어도 계좌내역을 확인하며 송금을 하는 요즘사람에게는 알제리 은행은 미흡하게 느껴질 수밖에 없다. 하지만 현지 금융 활용 외에는 다른 대안이 없기에 신속히 현지 시스템에 적응하는 것이 빠른 정착에도 도움이 되리라 생각한다.

▌ 계좌 개설 시 요청되는 기본서류

현지화 계좌 (INR)	외화수신 계좌 (CEDAC)
1. 회사정관 사본^{TC)}	
2. 대리인 여권 사본^{TG)}	
3. 공증된 지사장 및 법정대리인 임명장^{TC)}	
4. 계좌 개설 신청서	
5. 사업자 등록증 사본^{TC)}	
6. 이사회 결의서 사본^{TC)} (일반권한, 계좌 사용권한 대리인 지정 내용 등)	
7. 프로젝트 계약서 사본	7. 지사 시 보증금 3만불(USD) 예치
8. 발주처에서 해당은행 지정 확인서 사본^{G)} (통상 발주처 주거래은행으로 계약서에 명시)	8. 지사등록 150만 디나(DA) 납부
9. 상기 서류들 불문 번역	
국내 작성	현지 작성

서류^{T)}: 원본 대조 서명 필요
서류^{C)}: 주한알제리대사관 영사 확인 필요
서류^{G)}: 구청(코뮨) 확인 필요
* 은행에 따라 차이가 있을 수 있음

• • • 알제리 사업에 주요 사용되는 계좌 • • •

- INR: 프로젝트의 현지 지출비용을 담당하는 현지화 기성계좌
- CEDAC: 외국으로부터 현지 운영자금 수령을 위한 현지환(외화 → 현지화) convert계좌
- Compte Devises: 알제리 내 외환(USD, EUR 등) 외환 계좌로 현지로 송금 받아 지사/현장 운영비로 활용가능한 계좌

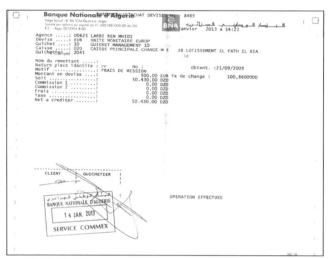

• 외화인출 영수증

　　알제리는 진출 방식에 따라 개설해야 하는 계좌가 다르다. 법인의 경우 일반 현지화(디나, DA) 계좌를 개설하면 되지만 지사 및 사무소의 경우 1991년 2월 20일 재정된 외화 관련 n°91－02 규정에 의해 알제리 내 은행에 외화 또는 CEDAC(Compte Etranger en Dinars Algériens Convertible) 계좌를 개설해야 한다. CEDAC 계좌는 현지 지출을 위하여 해외에서 받은 외화를 현지화(디나, DA)로 환전하여 관리되며, 대출이 불가능한 계좌이다. 다른 계좌로 이체가 가능하고 계좌폐쇄 시 2009년 2월 17일 n° 2009－01의 21 Safar 1430 규정에 의하여 외국에서 송금 받은 한도 내에서만 해외 송금이 인정된다.

　　외국 업체에서 사업 수주로 프로젝트를 진행하거나 고정사업장을 운영할 경우 CEDAC(Compte Etranger en Dinars Algériens Convertible)이 아닌 INR (Comptes Intérieurs Non Residents)계좌를 개설해야 한다. INR(Comptes Intérieurs Non Residents)계좌의 특징은 해당 프로젝트를 위해서만 자금집행이 이루어지며 디나(DA)화 기준으로 결제되고 프로젝트 계약만료 6개월 후 자동 폐쇄된다. 프

로젝트나 고정사업이 완료된 후 잔금이 남아있어도 인출이 불가능하고 국고로 환수되기에 사업 마무리 시점에 자금관리가 철저해야 한다. 은행별로 요구서류가 다를 수 있어 앞서 언급하였듯 계좌개설 필요 서류들은 사전에 준비하는 것이 바람직하다.

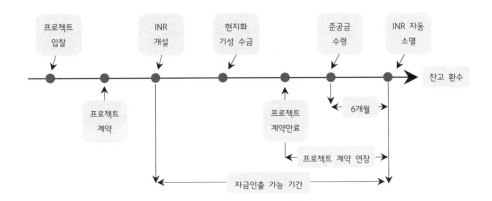

　　INR(Comptes Intérieurs Non Residents) 계좌는 프로젝트 계약서를 기초로 통상 발주처가 지정하는 은행에 개설한다. 프로젝트당 1개의 INR(Comptes Intérieurs Non Residents)만 개설이 가능하고 여러 개의 프로젝트를 수행할 경우 각 프로젝트당 INR(Comptes Intérieurs Non Residents) 계좌를 개설하는 것이 원칙이다. INR(Comptes Intérieurs Non Residents) 계좌를 운영함에 있어 프로젝트와 관련된 현지화만 인출이 가능함을 명심해야 한다. INR 관련 규정에 따라 자금 인출 시 사전 증빙이 요구될 수 있으며 은행마다 상이할 수 있으나, 금액이 작은 항목(식료품비, 소모품, 잡비, 출장비, 유류비 등)은 묶어서 단일 인출신청이 가능하다.

　　경험에 의하면 은행에서는 인출 전 사전지출 계획만 요구할 뿐, 발주처, 세무당국 등 계약자의 현지화 지출 관련하여 사후 증빙을 요구받은 적은 없다. 다만, 세무당국은 관련규정에 의거 은행의 INR 계좌 관리 실태를 조사할 수 있는 권한이 있고, 은행은 수감을 대비하여 사전 증빙을 업체에 요구하는 것으로 풀이된다. 기성수금 지연으로 공사의 차질이 생길 경우 INR(Comptes Intérieurs Non Residents) 계좌 소유자가 보유한 CEDAC(Compte Etranger en Dinars Algériens Convertible) 계좌 또는 외국환 계좌로부터 INR(Comptes Intérieurs Non Residents) 계좌로 이체를 받아 먼저 사용할 수 있다. 외부에서 이체 받은 금액만

▌ 알제리 INR 계좌 규정

은행규정 N° 17-2001, 인가된 중개은행에 적용되는 것으로 2001.08.05 제정
· 명칭: 국내 비거주민 계좌 (INR)
· 환전관리 관련하여 1992.03.22 제정된 N°92-04 규정을 대체 및 개정한 1995.12.23,
  N°95-07 규정을 적용함에 있어, 인가된 중개은행들은 알제리 중앙은행으로부터 승인을
  받지 않고서도 알제리 디나(DA)화의 국내 비거주민 계좌(INR)를 다음에 해당하는 자에게
  개설할 수 있다.
· 외국 대사관으로서 알제리에 주재하며 영사 수익금이 목적일 경우에 한하여, 외국 업체로서
  국외에 위치하면서 알제리 업체와 체결한 계약 이행을 수행하고 전체 또는 부분적으로 디
  나(DA)로 지급받는 경우, 하도급 계약이더라도 전체 또는 부분적으로 디나(DA)를 지급받
  는 비상주 외국 업체도 해당된다.
· INR 계좌는 본래의 목적을 위해서만 개설되며(각 사업당 하나의 INR) 알제리 현지 내 거래
  로서 개설된 당초 목적과 관련된 지출 용도로만 인출됨
· INR 계좌에 대한 이자는 지급되지 않는다.
· INR 계좌에 입금된 돈이나 어떤 INR 계좌에 남은 잔고를 다른 INR 계좌로 이체 및 국외
  로 송금할 수 없다.
· INR 계좌는 마이너스 통장 기능이 없다.
· INR 계좌 소지자가 보유한 CEDAC 계좌 또는 외국환 계좌로부터 자금을 입금 받을 수 있다.
· INR 계좌의 유효기간은 계좌 개설계약 지급조항의 유효기간이 지나고 6개월 후 만료된다. 유
  효기간이 부족한 계좌는, 공식적으로 증빙할 경우 계좌를 개설한 은행에서 연장될 수 있다.

http://www.bank-of-algeria.dz

큼은 개설자의 요청에 따라 프로젝트 기간 중 언제라도 다시 원래의 계좌로 역
송금이 가능하기에 CEDAC(Compte Etranger en Dinars Algériens Convertible) 계
좌에서 바로 지출보다는 INR(Comptes Intérieurs Non Residents) 계좌로 송금 후
지출하는 것이 추후 공사 완공시점 자금관리에 유리하다.

사업과 직접적인 연관은 없으나, INR 계좌 내 현지화 소진을 위하여 기성
수금, 세무업무 등 프로젝트 지원 명분하에 지사 운영비를 본사로부터 수령하지
않고 INR(Comptes Intérieurs Non Residents) 자금으로 충당하는 사례도 참고할
만하다.

❷ 수금 및 송금절차

수금절차는 크게는 2가지 방법으로 나눌 수 있다. 원천징수세를 납부하고
총액을 일괄 송금하는 방식과 매출(선수금 및 기성금)에 법인세 0.5%를 선납(확정
신고는 익년 4월 30일) 후 송금하는 방식이다. 일반적으로 기간이 짧고 금액이 적
은 서비스 및 엔지니어링 용역 등은 원천징수 후 일괄 송금을 하고 장기간 소요
되고 큰 금액을 수령하는 건설현장 등은 수금이 발생할 때마다 법인세 명목으로

0.5%를 선납 후 송금하는 경향이 있다.

총액 일괄송금 방식

저자는 8개사가 출자한 알제리 현지 합작법인에 근무할 당시 8개사 중 2개사에서만 직원을 파견하였기에 주주간 형평성을 고려하여 직원을 파견한 업체와 운영자문(Management Consulting) 계약을 맺고 반기별 연 2회 외주성격으로 직원들의 해외급여에 해당하는 금액을 서비스용역 대금으로 송금하였다. 이와 같이 총액 일괄송금 방식은 조속한 수금이 가능하기에 단일성 혹은 금액이 적은 설계용역 등에 많이 활용된다. 방법은 계약 금액의 등록세 3%, 및 원천징수세 24%를 납부하고 용역대금을 일괄 송금하면 된다. 송금이 이루어지기까지 2주에서 한달까지 행정절차 및 업무처리 기간이 소요된다.

송금진행절차

1. 송금을 위한 대상 계약서 은행 등록

일반적으로 간단한 Cover Letter와 계약서 사본, 은행에서 배포하는 양식을 작성하는 수준으로 큰 어려움 없이 계약서를 등록시킬 수 있다. 하지만 은행마다 신청양식이 다르고 소요시간에 편차가 있기에 해당은행에 알아보고 절차에 따라야 한다. 통상 동일계약 관련 추가수금이 발생하여 송금을 해야 할 경우 재등록 없이 관련서류만 은행에 제출하면 되나, 세금 납부와 나머지 절차는 다시 밟아야 하기에 수금에 의한 해외송금이 발생할 때마다 모든 절차를 다시 밟고 준비한다고 봐야 한다.

2. 세무서(DGE)에 계약금액 3%를 등록세로 납부

등록세(taxe de domiciliation) 납부양식 및 영수증이 세무서에 별도로 준비되어 있지 않아 납부 시 증빙양식을 직접 작성하고 확인도장을 받아둬야 한다. 납부한 수표(chèque)사본도 세무서 해외 송금승인 담당자 업무편의를 위하여 증빙으로 남기는 것이 바람직하다.

✔ 등록세 납부 증빙은 은행 및 세무서 제출용으로 추후 활용

✔ 은행에 따라 등록세 납부 후 은행 등록하는 경우도 있음

3. 원천징수세 24% 납부

등록세를 납부하였다면, 원천징수세를 납부해야 한다. 방법은 G50 월별 세금신고양식 원천징수세(Retenues a la source IBS)란, Revenus des Entreprises Etrangeres non installees en Algerie 부분에 용역금액의 24% 기재하고 월별 세금신고 시 같이 납부하면 된다. (G50 양식 참조)

G50 양식

		Catégones de revenus soumis au versement forfaitaire	Revenus nets imposables	Taux	Montant à payer (en D.A)
IRG / Salaires 소득세 **Autres Retenues** **à la source I.R.G**	E 1 L 20	IRG / Traitements salaires. Pensions et rentes viagères	직원급여	Baréme	소득세 총액
	E 1 L 30	IRG / revenus des des Créances. Dépots et Cautionnements (Titres nominatifs)		10 .%	
	E 1 L 40	IRG / Bénéfices distribués par les Sociétés de capitaux et Libératoire		15 .%	
	E 1 L 60	IRG / revenus des bons de caisse anonymes		30 .%	
	E 1 L 80	IRG / Autres retenues à la source	계약금 또는 총 수금액	15%	수금액 일괄 송금시 24%
Retenues à la **source I.B.S**	E 1 M 30	IBS / Revenus des Entreprises Etrangères non Installées en Algérie (Prest de Services)		24%	
	E 1 M 40	IBS / Autres retenues à la source			
4 원천징수세		(1) joindre relevé détaillé des retenues a la Source par Entrprise **TOTAL**			소득세+원천징수 총액 **4**

✔ 지방세를 제외한 모든 국세 납부는 중앙세무서(DGE/Direction des grandes entriprise) 1층(현지에서는 0층 RDC/Rez-de-chaussée, Ground Floor에 해당) receveur des impots 창구에서 납부하면 된다.

4. 프로젝트 또는 현지법인 세무서 담당자 면담
담당자 면담 시 ① 등록세 3%납부 증빙, ② 등록세 납부 확인서양식(attestation de la taxe de domiciliation) 작성, ③ 송금 신고서(declaration de transfert de fonds) 작성, ④ 원천징수세 납부 영수증(G50 신고서에 확인도장으로 갈음) 및 ⑤ 계약서 사본, ⑥ 은행 송금 요청서(Ordre de transfert) 사본, ⑦ 용역이행 확인서(Attestation de service fait) 사본을 모두 제출해야 한다. 모든 서류가 접수되었다면 약 1~3주 뒤 등록세 납부 확인서 (attestation de la taxe de domiciliation(bancaire sur une operation d'importation)) 작성 내용 확인 후 첫장은 보관하고 둘째와 셋째 장만 직인하여 주고 송금 승인서(attestation de transfert de fond)를 발급하여 준다.
✔ 중앙세무서(DGE)에 프로젝트별 담당자가 정해져 있으며, 해외 업체의 경우 통상적으로 2층 Direction des hydrocabures 부서에 자리를 하고 있음
✔ 초기에 프로젝트를 부여받은 세무서 직원이 세금부터 프로젝트 실사, 기성송금 승인까지 관련된 모든 업무를 담당하기에 프로젝트를 진행할수록 상호협조가 중요함

5. 송금 승인서 수령, 은행 제출
송금 승인서(attestation de transfert de fonds)와 직인된 등록세 납부확인서(attestation de la taxe de domiciliation)를 세무서에서 수령하였다면 사전에 준비한 송금요청서(Ordre de transfert)와 함께 제출하고 은행송금 절차에 따라 진행하면 된다. 은행세도 중앙은행과 내부 승인절차를 거친 후 송금이 이루어지기에 생각보다 다소 시간이 걸림을 염두해야 한다.
✔ 컨소시엄 구성원간 work scope과 수금 계좌를 분리하여 명시하지 않은 경우 계약서에 명시된 leader사 계좌에 일괄 송금되기에 계약시 정확하게 명시하는 것이 바람직함

송금 신고서

REPUBLIQUE ALGERIENNE DEMOCRATIQUE ET POPULAIRE

MINISTERE DES FINANCES

DIRECTION GENERALE DES IMPOTS

DIRECTION DES GRANDES
ENTREPRISES

> **DECLARATION
> DE TRANSFERT DE FONDS**
> (Instruction n° 61/MF/DG/09 du 21 janvier 2009)

IDENTIFICATION DU DECLARANT :

Raison sociale: 회사명

Adresse en Algérie: 알제리 내 주소

Adresse à l'étranger: 해외 주소

Numéro d'Identification Fiscale (NIF): 세무번호

Banque de domiciliation: 주거래 은행

Compte bancaire n°: 계좌 번호   code d'agence: 지점번호

Représentant légal: 법인/지사/사업장 대표자

Qualité: 직함

Adresse du représentant: 대표자 주소

DESTINATION PROJETEE DES FONDS 예상 자금 수신처

DESTINATAIRES: 수령 회사

Nom, Prénom ou raison sociale: 회사명

Adresse du destinataire: 주소지

Nature des fonds	Période concernée	Montant
Rapatriement de capitaux 자본금 회수	기간 명시	금액 명시
Remboursements 자금 환급		
Produits de cession, de désinvestissement ou de liquidation		
Redevances 사용료 특허권		
Intérêts 이자 지급		
Dividendes (revenus de capitaux) 배당		
Autres (à préciser) 가타		

Reçue le ...... 세무서 수령일자 *... ... ...*	A······지역············.le,········날짜·········.
Visa du service : 승인일자	Signature et cachet du déclarant
	서명 및 직인

<u>N.B</u> : une attestation précisant le traitement fiscal des sommes objet de transfert, doit être remise au déclarant, au plus tard dans un délai de sept (07) jours à compter du dépôt de cette déclaration.

등록세 납부 확인서양식(첫장) (2장 3장 동일내용 작성)

REPUBLIQUE ALGERIENNE DEMOCRATIQUE ET POPULAIRE

MINISTERE DES FINANCES
DIRECTION GENERALE DES IMPOTS
DIRECTION DES GRANDES
ENTREPRISES
RECETTE D. G. E
Code de la Recette 세무서 번호 (기입 X)

> **ATTESTATION DE LA TAXE DE DOMICILIATION BANCAIRE SUR UNE OPERATION D'IMPORTATION**
> {Article 2 de la loi de finances complémentaire pour 2005).
> J.O N° 52 du 26/07/2005

Nom et Prénom ou Raison Sociale: 법인명 ....

Statut Juridique: 법인형태 ....

Capital Social: 자본금 ....

Adresse: 주소 ....

Numéro d'Identification Statistique: NIS 번호

Numéro d'immatriculation au registre du commerce: 사업자 등록번호

Code d'activité: 업종번호

Numéro du compte d'importateur: 은행 계좌번호 ....

Nom, prénom et adresse du gérant: 대표자 이름 및 주소 ....

Numéro d'Identification Satatistique du gérant: 대표자 NIS 번호

Indication(s) et position(s) tarifaire(s) des produits importés: 수입물품 단가 ....
....

Valeur en devises et en dinars en lettre et en chiffres à titre indicatif: 금액 숫자 & 글(회화 및 현지화 명시) ....

Numéro de la facture ou autre document commercial: Invoice/영수증 번호 ....

Banque de domiciliation: Invoice/영수증 등록은행 ....

Désignation de l'agence: 은행지점 .... Code de l'agence: 은행지점 번호 ....

Bénéficiaire étranger : 외국 수령인/업체 ....

Adresse du bénéficiaire étranger: 수령인 주소 ....

Visa du Receveur des Impôts 세무서 확인 Signature du Representant légal 대표자 서명

Quitance de paiment 납입확인(세무서작성) Numéro: 납부번호 .... Date: 납부일자 .... Mode de paiment: 지급방법 .... _Exemplaire n.1_ Déposé par l'importateur et conservé par le receveur 세무서용	Fait à 작성장소..........le 작성일자.......... 대표자 성명, 서명/직인

Accusé de réception: 세무서 수령인 (기입 깅비)   Reçu le 수령일자 (세무서 기입)

용역이행 확인서(Attestation de service fait) 예시

회사 로고 연락처 등

Attestation de service fait

Alger le 작성일자

문서번호

Je soussigne Monsieur 성명 né le 출생일자 à 출생지 en Corée du Sud. En qualité de 직책 (지사장, 법인장, 현장소장 등) déclare sur l'honneur au nom de la société 회사명 que les services de 납품업체/용역업체 concernant le projet 사업명 ont bien été effectué.
(XX 기업의 XXX출생년월일 대한민국 서울생 XXX 지사장은 YYY업체로부터 납품/서비스가 완료됨을 확인합니다.)

La somme de 금액 (montant de la facture Invoice 번호 datant du Invoice 일자) sera transférée par la voie bancaire après l'accord des services concernés.
(X금액은 관련기관 승인 후 은행을 통하여 송금 예정(인보이스 금액 및 일자))

Nous avons bien noté qu'une fausse déclaration constitue une violation de la réglementation passible de poursuites judiciaries.
(허위신고는 위법임을 인지하고 법의 처벌을 받을 수 있음을 확인하였음)

Mesdames. Messieurs les personnes concernées veuillez recevoir mes salutations destinguées.
(정중인사)

_____.

책임자 성명
Directeur Général
Bureau de Liaison Algérie
 (알제리 사무소장/지사장 XXX)
* 구매/서비스 등에 의한 시공사에서 송금하는 경우가 아닌 발주처에서 시공사에 송금할 경우 시공사는 용역이행 확인서 작성할 필요 없음(발주처 작성).

등록세 납부 증빙
(제공하는 영수증이 없기에 유사한 형식으로 만들어 직인 특할 것)

회사명(로고)

NIF 번호
TIN 번호

ETAT A JOINDRE AU G50 POUR LA CAISSE DU MONSIEUR LE RECEVEUR DE LA DGE
TAXE DE DOMICILIATION(등록세)

Reference du contrat	Fournisseur	periode du contrat	Montant	Taux de change	Montant DA	Taxe de domiciliation(3%)
계약번호	서비스 제공자/판매자	계약기간	금액(외화)	환율	금액(현지화)	등록세(3%)

LE RECEVEUR DE LA DGE

직인 수령할 것

SIGNATURE DU DECLARANT

신고인 직위, 성명, 서명, 직인

세무서발급 송금 승인서 예시

REPUBLIQUE ALGERIENNE DEMOCRATIQUE ET POPULAIRE

MINISTERE DES FINANCES

DIRECTION GENERALE DES IMPOTS

DIRECTION DES GRANDES ENTREPRISES

N° /MF/DGI/DGE/SDH/BG/SP?/AD/2013.

ATTESTATION
DE TRANSFERT DE FONDS
(Instruction n° 61/MF/DG/09 du 21 janvier 2009)

Je soussigné, MR LASSOUAG KAMEL...SOUS DIRECTEUR DE LA SOUS DIRECTION DES HYDROCARBURES....... (1), après avoir reçu en date du 08 /01/2013, une déclaration de transfert déposée par :

Nom, prénom ou raison sociale : .
Adresse en Algérie :

Banque :   CITIBANK.
Compte bancaire n° :000 612 1012 /81, Code d'agence · 001.

Numéro d'Identification Fiscale (NIF) : 1 0 1 0 1 0 1 8 1 1 1 6 1 0 1 9 1 7 1 8 1 9 1 9 1 3 1 9 1 5 1 1 1 1 1

Portant sur la somme de : (28 829 020 .79 DA)   VINGT HUIT MILLIONS HUIT CENT VINGT NEUF MILLE VINGT DINAR ALGERIEN ET SOIXANTE DIX NEUF CENTIMES.

Au titre de (2) : RAPATRIMENT DES CAPITAUX, CONTRAT DE SERVICES DE FAISABILITE ET DE REALISATION.

Au profit de :

Nom, prénom ou raison sociale :
Adresse du bénéficiaire:

Les fonds transférés ont fait l'objet d'imposition conformément aux lois et règlements en vigueur :
....
D'une régularisation au titre de (3) : ....
....
Ou, sont exonérés en vertu des dispositions de l'article .... de ....
....

Atteste que conformément aux dispositions de l'article 182 ter du code des impôts directs et taxes assimilées, le déclarant a respecté ses obligations fiscales, d'où la production de la présente.

Cette attestation est délivrée au déclarant pour faire valoir ce que de droit, auprès de l'établissement bancaire susvisé.

Fait à ...ALGER........ le, ... 1 0 JAN. 2013

Visa du service :

(1) le chef de service d'assiette ;
(2) nature des sommes transférables;
(3) nature des impositions ou des retenues opérées.ª

　　단일성이 아닌 경우 일괄 총액을 받는 것이 아니기에, 기성을 수령할 때마다 G50월별 신고양식을 작성하여 VAT를 제외한 수금액의 0.5%를 법인세로 납부하고 전문 활동세(TAP) 2%, 부가가치세(VAT) 17% 등의 세금을 정산한 후에야 송금이 가능하다. 그리고 INR 계좌로 수금한 현지화 외에 외화분에 한해서만 해외 송금이 이루어진다. 기성금을 송금하기 위해서 송금승인서(Attestation de transfert de fonds)를 발급받아야 하기에 세금납부 증빙을 사전에 준비하는 것이 바람직하다. 송금이 이루어지더라도 선납한 법인세와 실제 납부해야 할 세금차가 있기에 익년 4월 30일에는 선납한 법인세를 정산하고 확정신고하는 것을 원칙으로 한다.

발주처 승인절차

시공사(Contractor)
기성서류 준비

❶ →
← ❷

감리(Engineer)
물량 및 기성서류 검토/확인
서명 및 직인

발주처(Project Owner)
서류검토, 지불위임장
(Mandat de Payment) 작성 등

❸

중앙세무서(DGE) 승인절차

시공사(Contractor) 준비
세금납부 비교표(Etat de rapprochement)
G50 세금신고서(지방세/국세) 사본
프로젝트 특성상 요구되는 기타 서류

중앙 세무서(DGE)
송금승인서(Attestation de transfert de fonds) 발급

발주처(Project Owner) 준비
용역이행 확인서(attestation de service fait) 사본
송금신고서(déclaration de transfert de fonds)
지불 위임장(mandat de paiement) 사본
송금 요청서(ordre de transfert) 사본
프로젝트 특성상 요구되는 기타 서류

기성을 수금하는 절차는 큰 그림에서 발주처의 공사물량과 수입자재 등의 기성승인, 중앙세무서(DGE) 송금승인 그리고 은행에서 송금하는 3가지 절차로 볼 수 있다. 공사분야 및 발주처별 승인절차가 다르겠으나, 세부적으로 보면 서류들이 왔다 갔다 하며 상당한 시간과 영업 그리고 노력이 소요된다. 직접 진행도 해보고 타 업체 현장담당자들과 논의해본바, 기성신청부터 한국 계좌에 입금되기까지 세부적으로 30단계 이상을 거치는 업체도 있고 4개월 이상의 시간이 소요되는 경우도 있다고 한다. 결국 시공사는 수금이 지연되는 이 기간을 계획에 반영하고 관리를 철저히 해야 공사 중 자금 shortage 현상을 예방할 수 있다. 반면 현지화분은 발주처의 기성지급 승인만 완료되면 발주처와 같은 은행과 지점에 계좌를 보유하고 있는 경우가 많아 외화분 대비 빠른 지급이 이루어지는 편이다.

5) 통관

자재를 조달함에 있어 통관은 빠질 수 없는 중요한 업무이다. 공사를 위한 자재를 포함하여 직원들 생활에 필요한 생필품, 급식에 쓰일 식료품까지 현지조달을 위해 모두 통관을 거쳐야 한다. 실제로 통관이 지연되면 공사 schedule에 영향을 주고 예상하지 않은 물류비용이 발생한다. 현지에서 해당업무를 담당한 다수 지인들의 의견을 수렴해보면 주요 무역항으로는 알제(Alger), 안나바(Annaba), 오랑(Oran)항이 있고 업무의 특성상 통관업체(transitaire)를 주로 활용하나 항만의 규모와 처리능력 부족으로 하역에 많은 시간이 소요되고 느린 행정으로 관세사를 섭외하여도 지연이 발생할 수밖에 없는 문제점들이 존재한다고 한다.

■ 주요 통관업체 List

업체명	주소	전화번호	Fax 번호	홈페이지 & Email
El Amana Transit	02 rue Maurice Ravel, Alger	+213 23 50 54 44	+213 (0) 23 50 54 44	nadia.bellal@el-amana.com
Global Shipping and Logistics Services	106 Rue Larbi Ben M'Hidi, Oran	+213 41 40 55 +213 661 28 82 28		gsls@globalshipping.com.dz globalshipping_gsls@hotmail.com
GEMA / Société Générale Maritime	02, rue Jawaharlal Nehru BP366, Grande Poste, Alger	+213 41 40 55 76 +213 6 61 28 82 28		gsls@globalshipping.com.dz
CMA-CGM	Quartier des Affaires Bab Ezzouar, Alger	+213 23 92 42 67~78 +213 5 60 03 18 48	+213 23 92 42 55	www.cma-cgm.com age.customercare@cma-cgm.com
National Shipping Company	BD Ben Abdelmalek Ramdane Route de L'Avant Port BP172, Annaba	+213 38 45 48 55	+213 38 45 48 56	
Merabtene Transit	28, boulevard Zirout Youcef, Alger Centre, Alger	+213 21 71 81 07	+213 21 73 56 38	transit.merabtene@caramail.com
Maersk Alger	47 lot Petite Provence, Sidi Yahia, Hydra, Alger	+213 21 60 50 00 +213 7 70 32 83 39	+213 21 82 93 11 +213 21 60 50 17	
Filtrans International Transit Transport	5 rue de Biskra BP165 RP, 16212 Mohammadia,, Alger	+213 21 82 93 14	+213 21 53 07 33 +213 021 82 93 15 +213 21 82 72 94	dec@filtrans.net dg@filtrans.net alger@filtrans.net

출처: Kotra 국가정보

수입상품의 분류는 HS코드를 적용하고 있으며 관세율은 완제품 30%, 반가공품 15%, 원자재 5% 등이다. 탄화수소 관련 공사에 최종 사용자인 발주처(통상 Sonatrach)에서 필요 자재를 수입할 경우 면세인 경우가 더러 있으나, 발주처에 귀속되지 않고 공사 후 반출되는 물품에 대해서는 해당사항이 없고 별도의 신고를 요하며, 특수 장비 등의 경우 관련기관의 인허가를 받지 않으면 통관이 불가하다. 예를 들어 플랜트의 경우 배관 및 구조물의 용접부위 검사 시 화학품(Produit chimique), 방사성 물질 및 기기들이 필요할 수 있으나 이는 민감한 물질로서 최종사용자인 발주처가 필히 허가를 득해야만 반입이 가능하다. 또한 관세법(Code des Douanes) 제8조 bis에 의거 정상가격보다 확연히 낮은 가격의 물품 또는 자재를 들여와 알제리 산업에 피해 발생이 우려될 경우 반덤핑 관세 등이 부과될 수 있어 자재수입 시 유의할 필요가 있다.

관세(DD)	특별소비세(TIC)	부가가치세(TVA)	세관 수수료(RD)	세관서류 양식세(RFD)
0%, 5%, 15%, 30% 세부 상품별 적용	10~90% 6개 세율 적용	7%, 17% 2개 세율 적용	CIF가격 X 0.4%	CIF가격 X 2% 원자재(CKD) 및 반가공(SKD)

출처: Kotra 알제리 무역관

알제리는 수입 시 상공회의소에서 발행한 원산지증명서를 수출신고서와 함께 제출할 것을 요구하고 있으며, 2009년 보완 재정법에 원산지 증명과 더불어 수입품의 아랍어 원산지 표기를 의무화하고 있다. 또한 CE, ISO 등의 외부규격 및 인증들은 인정하고 받아주고 있으나, 의외로 단순 편의상 구입한 가정용 무전기 같은 제품에 심사와 인증을 요구하는 경우가 있어 물품을 반입할 때는 예상했던 것보다 긴 시간이 소요되는 경우도 많으므로 주의를 요한다.

알제리 세관 홈페이지에는 물품이 도착하면 세관에 인도(Conduite et la mise en douane), 세관신고(Etablissement de la déclaration en détail), 신고물품 검수(Le contrôle et la vérification de la déclaration en détail), 세금납부 및 물품양도(La liquidation et l'acquittement des droits et taxes)의 과정을 거치게 된다고 설명하고 있다. 화주는 통관을 위하여 선하증권을 준비해야 하고 수입업자는 대행사를 통하여 사업등록증, 세무등록증, 세관신고서, 통관신고서 등을 첨부해야 한다. 수입품의 검사는 상품과 서류를 별도로 검수하고 세무당국에서 수입품 검사 후 상품별 관세가 부과한다. 또한 도착 21일 내 신고 및 4개월 내 통관절차가 이루어지지 않으면 경매처분될 수 있으니 유의할 필요가 있다. 검사가 통과되면 검사 합격통지서가 발행되고 검사, 하역, 부두사용료 등을 지불한 후 이상이 없을 시 수입상에게 인도된다. 통관 관련 세부정보는 세관 홈페이지 www.douane.gov.dz 에서 확인 가능하다.

6) 인허가

인허가는 어느 국가인지를 불문하고 어렵게 느껴지는 부분이 있기 마련이다. 하지만 시간이 지남에 따라 알제리 인허가 기관의 비합리적인 요구보다는 사전협의 부재, 법규 및 기준을 숙지 못하여 소통이 어긋나는 경우가 대부분인 것 같다는 생각이 든다. 실제로 많은 업체들이 알제리에서 공사를 진행하면서 설계, 구매 및 선적까지 완료한 후 인허가 항목임을 뒤늦게 인지하여 고생하는

❚ 인허가 감독기관

업무종류	기관명	관련업무
토목/ 건축 감리	CTC – 건설 기술관리기관 (Organisme Publique de Contrôle Technique de la Construction)	토건구조물 (RC구조물, 철골구조물 및 방수) 감리
탄화수소	ARH – 탄화수고 규제기관 (Autorité de Régulation des Hydrocarbures)	석유화학관련장비, 시설안전설비 등 관리감독
	DGM – 광물청 (Direction Générale des Mines)	
민감장비	ARPT – 우정규제기관(우편·통신) (Autorité de Régulation de la Poste et des Télécommunications)	전화, LAN, Network 장비 등의 인허가
	ANF – 주파수청 (Agence Nationale des Fréquences)	Radio 장비 등의 인허가
	DRAG – 규정준수 관리 (Direction de la Réglementation et des Affaires Générales)	CCTV 인허가 등 국가 규정 품목 판매 및 구매 관리
인력수급	ANEM – 노동사무소(고용센터) (Agence Nationale de l'Emploi)	구직자 지원 및 외국인근로자 현황관리
	Direction de l'Emploi – 노동과	Block Visa 승인, 임시노동허가증, 노동허가증발급
	Inspection de Travail – 근로감독청	사업장감독 및 분쟁조정, 외국인근로자관리

출처: 대우건설 황종대 과장

경우도 더러 목격한 바 있다. 사업을 수행하다 보면 때로는 규정이 변경되어 난처한 상황에 처하기도 하고 예상하지 못한 인허가 항목을 만나 어려움을 겪을 때도 있겠으나, 실제 특수한 경우를 제외하고는 각 기관에서 요청하는 서류와 절차는 복잡하거나 황당한 경우는 적으리라 생각한다. 사람이 하는 일이기에 담당자와 소통하고 신뢰를 쌓으며 사업 초기부터 발주처와 관련규정을 면밀히 검토한다면 사업을 수행함에 있어 큰 어려움은 없으리라 생각한다. 알제리는 앞의 표에 지재한 것과 같은 인허가 및 감독 기관들이 있으니 참조하기 바란다.

CTC(Organisme Publique de Contrôle Technique de la Construction)

CTC는 주택도시계획부(Ministère de l'Habitat, de l'Urbanisme et de la Ville) 산하 기관으로 토목·건축 인허가 및 감리를 담당하는 기관으로 구조물의 안정성 검토 및 승인하는 역할을 담당하고 현재 동부, 서부, 중부, 남동부 남서부 지역본부로 분할 운영되고 있어 현장 위치의 지역본부 확인이 필요하다. 사업자는 도면, 시방서, 자재 성적서 등을 제출하고 도서들의 승인을 득한 후 공사를 진행하고 시공 상태에 대한 감리를 받는다. 설계의 적합성부터 개량상태, 지반조건, 철골구조, 콘크리트 안정성, 방수, 주요 자재의 성적서까지 점검하고 전반 사항을 모두 감리하며, CTC 지적 사항은 발급하는 보고서에 기재되고 이를 토대로 품질에 대한 평가가 이루어진다.

감리완료 후 최종감리보고서(Rapport Final de Contrôle Technique)를 발행하고, 시설이 발주처에 가인수(Réception Provisoire)될 때 확인서(Attestation de Contrôle Technique)를 발급해 준다. CTC 발행 서류는 인증 및 구조물 보증 보험 가입 시 필수적이기에 신경을 기울일 필요가 있다.

ARH(Autorité de Régulation des Hydrocarbures)

ARH는 에너지부(Ministère de l'energie) 산하 기관으로 공사 현장과 기존 시설들의 안전을 관리하며, 환경영향과 이산화탄소 설비 규제, 방폭 등을 관리감독 한다. 탄화수소 분야의 서설 안전과 환경, 규제를 담당하는 기관으로 석유·가스 시추, 처리 등의 관리와 개발, 운영까지 감독하기에 탄화수소 자원의 운송과 저장 또한 ARH의 승인 대상이 된다.

석유·가스분야 현장은 ARH에 기자재 사전승인(Dossier Préliminaire)을 받은 후 구매 및 제작을 진행해야 하며 관련된 기자재 및 배관에 대한 용접검사 서류도 별도로 제출해야 한다. ARH는 제작시험에 참여하고, 설치 후에는 성적서 등을 첨부하여 최종승인신청서류(Dossier Final)를 작성, 이를 토대로 서류검토와 현장실사가 이루어진다. 기자재 외에도 안전 관련하여 안전계획서, 탈출계획서 등도 사전승인 대상이 된다. 완공과 모든 승인이 완료되고 시설의 운전과 운영 허가까지 득해야 비로소 상업운전이 가능해진다.

DGM(Direction Générale des Mines)

산업광물부(Ministère de l'Industrie et des Mines) 산하기관인 DGM은 지하자원의 확인, 채취, 개발 및 보존 등 자원의 개발과 시설 관리를 담당하는 기관이다. 2016년부터 ARH에서 일부 업무를 승계 받아 압력용기(Pressure Device) 및 가스용기(Gas Device)에 대한 관리감독을 담당하고 있다.

DGM은 ARH와 달리 각 지자체 산하의 조직으로 존재하고 아직까지는 두 기관 간 업무분장이 명확하지 않아 사업 시작 시 상호 간 업무의 절차와 범위를 명확히 하여 승인을 받는 것이 중요할 듯하며, DGM에 신청 제출하는 서류는 ARH에 제출과 별도로 준비하는 것이 바람직할 듯하다.

ARPT(Autorité de Régulation de la Poste et des Télécommunications)

ARPT는 무선통신사업자 및 무선통신단말기(휴대폰)의 등록 및 관리와 함께 프로젝트에 사용되는 전화 자동교환 시스템(PABX), 동기 디지털 계층(SDH), 라우터(Router), 랜(LAN)장비 등의 인허가를 담당한다.

ARPT는 장비들을 수입, 판매 및 설치하는 업체를 2년 단위로 인증·관리하며, 일·월요일 주 2회, 면담이 필요한 업체들 대상으로 상담을 진행한다. 통신장비는 민감장비로 분류되어 최종사용자인 발주처가 인허가를 받아야 하고 Network 장비의 인허가는 2~4개월로 수월한 반면 유무선전화는 인허가 기간이 1년까지 요할 수 있기에 가능한 수입하지 않고 현지에서 구매하여 설치하는 것이 바람직하다.

ANF(Agence Nationale des Fréquences)

ANF는 주파수 범위 관리 및 통제, 인허가, 사용자와 인증업체 등을 관리하는 체신정보통신기술부(Ministre de la Poste, des Télécommunications, des Technologies et du Numérique) 산하 기관이다.

ANF는 알제리에서 사용되는 모든 무전기기를 관리하고 수입설치 시 ANF 에 승인을 득해야 하기에 장비의 최종 사용자인 발주처는 신규장비 취득 시 정보 및 관련 주파수 대역을 신고하고 허가를 받아야 하나, 임시 사용물 에 한하여 시공사가 직접 승인을 받을 수 있다. 또한 장비의 고장 분실 시 에도 신고하여 관리감독을 받는 것을 원칙으로 한다.

DRAG(Direction de la Réglementation et des Affaires Générales)

DRAG는 지자체 내부 부서로 주로 법규 및 규제의 준수 여부를 감시 · 감독 하는 기관으로, 특히 국가가 규정하고 보호하는 품목의 판매 및 구매를 관 리 감독하는 역할을 담당한다.

군시설로 사용되는 CCTV의 경우 민감장비로 분류되어 구매, 설치, 운용은 DRAG에 승인을 받아야 하고, 국가의 허가를 득한 업체만이 수입, 설치를 할 수 있기에 해당 장비의 인허가는 1년 까지 걸릴 수도 있다. CCTV의 경 우 수입 허가는 내무부(Ministère d'Interieur)에서 받고 DRAG에서는 구매 및 설치에 대한 승인 받아야 한다. 많은 전파장비와 동일하게 수입이 까다롭고 경찰, 헌병대, 국방부, 관할 지자체 등의 심사가 따를 수도 있다.

II. 시장동향 및 영업활동

1. 전망 및 시장동향

1) 정치, 경제 동향

부테플리카 대통령은 1999년 집권 후 이슬람 원리주의 세력의 사면을 골자 로 국민화합정책을 추진하며 정국을 안정시켰다. 2004년 재선에 성공하고 안정 된 국정을 기반으로 경제개발 촉진을 위한 다방면 개혁을 목표로 삼고 경제자유 화 및 대외개방 정책을 본격 추진하였으며, 당시 고유가 추세를 토대로 경제 전반에 걸쳐 독립 이후 호황 국면이 지속되었다. 2009년에는 90.2%의 지지율로 3선에 성공하였고, 2014년 대선에서는 81.5%의 지지율로 승리하며 4번째 임기에 오르는 등 장기집권 중인 부테플리카(Abdelaziz Bouteflika) 대통령은 2019년까지 정권을 유지할 것으로 보인다. 하지만 공식석상 자리에 나타지 않고 총리가 국정을 대신 이끌고 있어 근래에 고령과 지병으로 인한 건강상태에 대한 의문이 점점 크게 부각되고 있다. 빈번한 개각으로 바뀌는 정치 지도층은 긴장감을 고조시키고 군부 내에 갈등과 군부의 영향력을 약화시키려는 민간정부의 갈등도 고조될 수 있는 분위기로 정치 및 향후 후계구도가 미세하게나마 불분명한 분위기이다.

여기에 유가하락으로 인한 보조금 축소, 높은 청년 실업률과 고물가, 열악한 주거환경은 지속적인 사회적 불만으로 대두되고 있고, 예전 고유가 시대와는 달리 시위 발생 때마다 시위자들을 경제적으로 지원하고 요구를 충족시키기도 어려운 상황이다. 시민혁명으로 인한 혼란과 내전의 기억이 있고 강한 군사력을 보유하고 있기에 재스민 혁명 때도 주변국과 다르게 알제리는 조용히 자나갔던 만큼 아무리 경제가 어려워도 대규모 시위, 혁명(쿠데타) 등은 알제리 내에서 발생하기 어려울 것으로 보인다. 하지만 사막과 산악지대, 허술한 국경 등, 알제리 내 테러가 발생할 환경은 충분하기에 대도시를 떠나 알제리 내 지방출장 시에는 주의가 요구된다. 작은 소규모 테러가 지방에서 틈틈히 발생하긴 하지만, 오랜 반테러작전 경험으로 현재까지는 전국적으로 안전하게 잘 대처하고 있다.

1997년 미화 330억불(USD)까지 치솟았던 외채는 부테플리카 대통령 집권 이후 알제리 정부가 대외채무 조기상환 정책을 강력히 추진하면서 급격히 감소하였다. 오일머니 유입에 힘입어 2008년 6월 미화 6.2억불(USD) 외채 조기상환 및 외환을 확충하였고 최근 10년 간 GDP도 꾸준한 성장세를 이어왔다. 그러나 현지 2015.01.19일자 일간지 『엘 와탄(El Watan)』에 따르면, 2013년 말부터 이어져온 원유 수요 급감, 석유시장 공급포화, 달러 평가절상 등 지속되는 유가하락 요인으로 알제리산 원유(Sahara Blend)의 평균 가격이 2015년 47% 하락하였고 이는 12년 만에 최저치라고 보도되었다. 2014년 1분기 배럴당 미화 109.55불(USD)에 거래되던 유가는 2015년 동기 배럴당 미화 54.31불(USD)로 크게 하락했고 탄화수소(석유, 가스 등) 부문의 수익 감소로 인하여 알제리의 예산 적자는 2014년 4월 약 4,670억 디나(DA)에서 2015년 7,220억 디나(DA)로 50% 이상

증가하였다.

『알아프리카(Allafrica)』는 보도를 통하여 2016년 9월 말 알제리의 외환보유고는 미화 1,219억불(USD)까지 하락하였음을 강조하였으며, 알제리 주요 일간지인 『엘와탄(El Watan)』은 2018년까지 떨어진 국제유가가 지속될 경우 외환보유고는 미화 600억불(USD) 이하로 하락할 위험이 있음을 전하였다. 호황기와 달리 많은 산유국의 재정은 악화되었고 알제리도 수출의 95% 및 정부 재원의 75%를 차지하는 탄화수소의 의존도가 높은 만큼 사업 다각화 등 정부의 노력과 대책 마련의 필요성이 다수의 언론으로부터 꾸준히 대두되고 있다.

이로 인하여 기업생산수단의 경쟁력을 키우고 개선하는 임시 조치들로 짜인 수입 허가증을 다루는 각 부처의 공동의회(Conseil interministériel)를 조직했고 수입허가증의 기간은 3년에서 8년 사이로 관세, 수량, 정기 할당 등의 형태로 통제를 강화하였다. 2016년 6월 22일 다수의 국내 포털 사이트도 현대차의 말을 인용하여 "저유가로 재정이 악화된 알제리가 수입차 쿼터를 축소하는 대신 자국 내에 생산시설을 갖춘 업체에 대해 할부 구입 등 혜택을 주고 있다"고 언급하였다. 이 때문에 2014년 미화 5억 3,645만불(USD)이던 국산차의 대알제리 수출액은 2015년 미화 1억 5,039만불(USD)로 급감했고 현대차도 바트나(Batna) 지역에 연간 1만 5,000대 규모의 상용차 조립공장을 준공하였다고 밝혔다.

OPEC 산유 제한 합의 등 긍정요인도 있으나, 알제리 국책연구기관인 알제리경제사회위원회(CNES: Conseil national économique et social)는 현재 알제리 경제를 2009년 이후 가장 침체된 상황으로 평가하고, 산업다각화와 수입감축을 목표로 구조조정에 나서야 한다고 조언한 바 있다. (전)셀라(Sellal) 총리는 국제유가 하락에 따라 내수 경제가 충격을 받았으나, 정부 장기목표에 따라 잘 관리되고 있음을 전하였다. 현재 정부는 해외로부터 직접 투자 유치 활성화를 위해 노력 중이고 외국인 직접투자 확대를 위해 지난 8월 투자법을 개정하여, 그간 투자 시 최대 걸림돌로 작용해 온 51:49 규정 삭제 등 공공행정 개선, IT 분야 집중 육성, 농·수산업개발 등 시장경제 전환을 이루어 나갈 계획이라 밝힌 바 있다.

『EIU country report(2016.02)』 보고서는 저유가로 인해 공공투자와 민간소비가 위축되어 2016년 알제리는 1997년 이후 가장 저조한 1.5%를 경제성장률을 기록할 것으로 예상되었으나, 알제리 정부가 외국기업 유치, 산업구조 개선 등에 가시적인 성과를 거둘 경우 2020년 3.2%의 경제성장률에 도달할 것으로 예측하였다. 현재 알제리는 유가하락과 공공투자 예산집행 지연에도 불구하고 인프라 구축사업은 꾸준히 진행 중이며 가스개발사업도 곧 착수할 것으로 예상 되어 2020년까지는 탄화수소 분야와 인프라 구축부분은 투자가 계속 이어질 것 으로 보인다.

2) 주요 건설분야 동향

❶ 건설자재 동향

알제리 정부는 자국 제조업 활성화를 위하여 필요한 원자재 수입은 장려하 나, 자국 내 생산제품에 대한 수입은 제약을 가하는 느낌이다. 완제품을 수입하 는 것보다 기술이전과 현지 합작투자를 통하여 현지 진출을 적극 권하고 외환보 유고의 하락으로 인하여 외환통제, 통관 지연 및 절차를 어렵게 만드는 등 의도 적 제약을 가하는 듯하다.

건설자재의 수입은 2014년 1~5월 약 미화 15억 9,000만불(USD)인 반면 2015년 동기간에는 미화 10억 9,000만불(USD)을 기록하며 31.17% 감소하였다. 시멘트, 철 및 강철, 세라믹(벽돌, 포석, 타일류), 목재 등 모든 건설자재 부문에 서 수입 감소가 이루어졌고, 수입액은 시멘트 5.5%, 철 및 강철 제품이 38.44%, 세라믹 36.28%, 목재가 29.33% 감소하였다. 외환보유액 감소와 건설 경기 침체에 따라 당분간 건설자재 및 중장비 수입 감소는 지속될 수도 있을 것으로 보인다.

❷ 주택, 건설 및 인프라 동향

알제리는 주택공급 부족으로 현재 1가구당 거주인원이 7명 이상일 정도로 가구당 밀도가 높다고 한다. 기존의 노후화된 주택 재건축 외에도 향후 수년 간 은 매년 17만 5천호의 신규주택 공급이 필요한 실정이며 알제리 정부는 주택부 족 문제를 해결하기 위해 160만 가구를 공급하는 2015~2019년 주택 5개년 프 로젝트를 발표하였고 신도시 및 위성도시, 산업단지 등을 건설계획 중이다. 다 수의 보고서에 따르면, 중기적으로 주택건설과 개발 부분은 꾸준히 활발할 것으 로 예상되며 그에 따른 인프라도 동반될 것으로 전망하고 있다.

알제리 내 14개 신도시 건설이 추진되면서 한국기업의 수주가 본격화되었 고 2008년 4월에는 대우건설 컨소시엄이 부그줄(Boughzoul) 신도시를, 2008년

9월에는 경남기업 컨소시엄이 시디압델라(sidi abdellah) 신도시를 수주하였다. 2007년 한－알제리 경협사업의 일환으로 시작되어 저자가 참여한 부이난 (Bouinan) 신도시 개발사업도 있었으나, 2013년 BNTD 투자개발 법인(Bouinan New Town Devlopment Spa)을 청산하고 사업을 종료하였다. 현지 및 한국 언론에서 보도된 바와 같이 경남기업 컨소시엄의 시디압델라 신도시도 2015년부 타절을 진행 중으로 외형적으로 보이는 것과 같이 주택 및 신도시 사업이 순탄하지만은 않다. 하지만 여전히 심각한 주택 부족 문제를 해결하기 위하여 알제리 정부는 다양한 형태의 국토 균형 발전과 도시의 팽창을 지양하고 국토의 균형있는 발전을 위해 신도시 및 주요도시 건설을 구상하고 있다.

2025년 목표 장기계획인 SNAT(Schema National d'Amenagement du Territoire)과 국가개발 5개년 실행계획(Programme quinquennal)을 수립하여 체계적으로 국토를 정비중에 있으며, 유가하락에도 불구하고 SOC, 신도시 등 국책사업은 여전히 추진하고 있다. 남북 연결 고속도로 블리다 － 엘메네아(Blida－El Menea) 구간 520km(엘메네아 － 가르다이야(El Menea － Ghardaïa) 구간 300km는 추후 진행)와 알제리 고원지대 동서 고속도로 공사도 동부 220km(테베사－ 바트나 (Tébessa － Batna)), 중부 495km(바트나－티아렛(Batna －Tiaret)), 서부 305km(티아렛－ 엘알샤(Tiaret － El Aricha))로 분리하여 3개의 구간으로 사업을 추진중이다. 사하라 남부지역인 인사라(In Salah)－타마라세트(Tamanrasset)를 연결하는 연장 720km의 Water Supply Pipeline Project, 신항만 등 다수의 프로젝트들이 추진되고 있으며, 항만의 경우 알제(Alger), 아나바(Annaba), 오란(Oran), 젠젠 (Djendjen) 등 4개 항이 총 물량의 75%를 차지하고 있으나, 정체현상이 심해 20여 개 프로젝트도 검토중인 것으로 알려졌다. 하지만 근래 공공부문 지출 축소에 따른 국내 거래를 자국통화로만 가능토록 하는 등 외환통제와 반출이 억제되고 있고 알제리업체가 수행 가능한 공공사업은 가능한 자국기업이 수행하도록 하겠다는 공공사업부 장관의 발언(16.05.10)도 있었기에 3차 5개년('15~'19) 국가개발 계획을 추진함에 있어 예전보다는 다소 위축된 건설시장의 양상을 보이고 있다.

❸ 탄화수소 및 플랜트 동향

국영석유회사 소나트락(Sonatrach)은 2000~2015년 간 석유/가스 분야에 미화 1,000억불(USD)을 투자한 바 있고 코트라는 『Tout sur Algerie(2016.5.24)』 보도를 인용하여 소나트락(Sonatrach)이 2016~20년까지 석유/가스분야에 미화 730억불(USD) 이상 투자할 계획이라 밝혔다. 이 중 2/3(약 미화 440억불(USD))는 석유/가스 탐사 및 생산 증대를 위한 목적이며, 2015년 기준 2억 TEP(tonne équivalent pétrole)인 탄화수소 생산량을 2020년까지 2.4억 TEP(tonne équivalent pétrole)로 확대할 계획이라고 덧붙였다.

알제리는 최근 외국기업 유치에 어려움을 겪음에도 내수 수요증가와 추후 수출 확대를 위해 동남부 및 서남부에 위치한 신규 유전으로부터 운송능력 확대를 목표한다고 한다. 알제리의 하루 석유 및 가스 생산량은 각각 1.1백만 배럴 및 274.4억㎥이다. 소나트락(Sonatrach)은 총길이 1,650km의 파이프라인과 6개 압축기지(compression station) 및 펌프장(pumping station)을 2020년까지 구축할 계획이고 에너지 수입처 다각화를 추진하고 있는 유럽연합(EU)과 수출을 위해 논의 중이라고 『AFRICA REPORT(2016.3.8)』는 보도하였다.

근래 셰일가스가 알제리에서 대량으로 발견되었으며 미국 에너지정보국(Energy Information Administration)은 알제리 셰일가스의 매장량은 중국과 아르헨티나에 이어 세 번째로 높은 수치라고 발표하기도 하였다. 가담－베르킨(Ghadames－Berkine), 일리지(Illizi), 무이디르(Mouydir), 아넷(Ahnet), 띠미문(Timimoun), 레간(Reggane), 틴두프(Tindouf) 등 총 7개 지역의 셰일가스 매장량은 최근 재평가되었고 가담－베르킨(Ghadames－Berkine)지역에서는 소나트락(Sonatrach)에 의해 셰일가스 생산작업이 착수될 것으로 예상된다. 알제리는 석유, 가스 이외에도 철광석, 인광석, 우라늄 등 광물자원을 매장하고 있으나, 개발은 석유와 가스에 비해 상대적으로 미미한 수준이다.

❹ 에너지 및 발전 동향

2013년 기준 알제리의 전력생산 능력은 15.16GW이며, 소넬가스(Sonelgaz)는 홈페이지(www.sonelgaz.dz)를 통하여 2015~2025년 사이 27,800MW를 추가 생산 계획이고, 이 중 15,385MW는 확정, 12,415MW 구상중이라 발표하였다. 이행을 위하여 소넬가스(Sonelgaz)의 자회사인 전력생산공사(SPE: Société Algérienne de production d'électricité)는 2015~2018년까지 14,150MW(2015년 완료된 183MW 제외) 추가 생산을 위하여 공사를 기 진행 중이며, 2013년 8월 동시 발주한 각기

▌ PENREE 추진계획

	1단계 2015~2020	2단계 2021~2030	합계 (MW)
태양광 PV	3,000	10,575	13,575
풍력	1,010	4,000	5,010
태양열 CSP		2,000	2,000
열병합	150	250	400
바이오매스	360	640	1,000
지열	5	10	15
Total	4,525	17,475	22,000

출처 국영전력가스공사(Sonelgaz)

1200~1600MW의 6개의 복합화력발전소 중 한국기업이 5개를 2014년 수주하는 쾌거를 이루기도 하였다.

하지만 발전용량의 98%가 화석연료에 기반한 알제리 정부는 내수 전력 수요 확보 목적 외에도 탄화수소 소비량 감축을 통해 추가 수출여력 확보 등을 중장기적 계획으로 신재생에너지(태양, 풍력, 지열, 바이오매스 등) 개발을 적극 추진 중이다. 특히, 알제리 일조량이 적은 해안지역도 일조시간은 연간 2,650시간에 이르며, 사하라 사막 및 고원지역은 각각 3,500시간 및 3,000시간 수준이다. 알제리는 태양과 풍력 에너지에 주목하여 신재생에너지 분석을 통해 태양 및 풍력 에너지 개발 잠재력을 높게 평가하고 추진을 위한 국가 신재생에너지 개발계획 2030(PENREE: Programme algérien de développement des énergies renouvelables et d'efficacité énergétique)을 2015년에 보완하며 본격적인 에너지 개발에 착수하였다.

국가 신재생에너지 개발계획은 2단계로 나뉘어 추진되며, 1단계에서는 4,525MW, 2단계는 약 17,475MW의 전력을 생산하게 된다. 특히, 2단계는 알제리 북부 지역과 남부 사하라 이남 지역의 전력계통을 연계하고 추가 신재생에너지 발전소를 건설하는 것이 특징이다. 이로 인해 목표 발전량의 약 84%인 18,585MW의 전력을 태양광과 풍력 발전을 통해 생산 공급한다는 계획이며, 관련 발전시설은 주로 북부 고원지역(풍력)과 남부 사하라 사막(태양광)에 건설될 계획이다.

2. 영업 및 정보

1) 영업정보

❶ 정보 수집

사업관련 정보를 구하기 위해서는 여러 방법이 있겠으나, 관련기관 업무 담당자를 주기적으로 찾아가고 친분을 형성하여 현황을 정기적으로 듣는 방법이 힘들어도 가장 정석적인 방법이라 할 수 있다. 그 외 전문컨설턴트, 소위 에이전트(agent) 또는 사업 개발업자(Developer) 등 많은 협조자들이 성공보상제로 업무를 도와줄 수 있지만, 필요한 정보수집과 사업의 수주를 보장해주지는 않는다. 발주처 및 관련기관은 저자가 알제리 근무 당시 주요 소식통 역할을 해주고 의외로 현지업체 소개 및 입찰예상 시기, 사업의 규모 등 적정 필요정보를 제공하였다. 알제리는 많은 국제입찰들이 유찰되었다 재입찰되는 과정에서 상당수의 정보들이 노출되어, 직접 관련업종 사람들을 만나 정보를 습득하는 것이 가능하다. 때문에 금액, 공기, 현지 활용 가능 업체, 사업의 특징, 위험요소 등 과거의 입찰 전례를 찾아 공부하는 것도 좋은 방법이다.

하지만 알제리에서 관련부처 및 인사를 만나기는 그리 쉬운 일이 아니다. 단순히 찾아가서 만난다는 것 이상의 노력이 필요하다. 오랜 기간 프랑스의 지배 영향 때문인지, 면담예약 문화가 자리 잡혀 예고 없이 방문하는 것을 예의 없는 행동으로 받아들이고 꺼려하기에 면담예약 요청공문을 보내야 하며, 보냈다 하여도 면담이 성사된다는 보장은 없다. 면담이 이루어졌다 하여도 사회주의 문화에 익숙한 공무원 조직은 사소한 의사결정조차 장관 등에 집중되어 일을 해결하려는 의지보다 윗선의 지시를 기다리고 대부분 수동적인 근무태도를 보인다. 실무진을 찾아가 문의하는 것이 어색할 정도로 내용을 모르는 경우도 많다. 하지만 예전과 달리 근래는 관련부처 실무진들도 내용을 파악하려 노력하고 유관부서 간 서로 진행현황을 공유하는 등 서서히 변화하고 있는 추세다.

영업에 목적을 두고 단기적으로는 소속 업체를 홍보하고 알리기 위하여 선물 등을 제공할 수 있겠으나, 장기적인 네트워크 구축을 위해서는 물질적인 수단보다는 정성적인 수단들을 동원해야 한다고 저자는 항상 믿어왔고 여전히 그

▌ 알제리 발주기관 예시

알제리 주요 발주기관	불문명	표기명	인터넷 주소
에너지부	Ministère de l'Energie	ME	www.energy.gov.dz
농업농촌개발수산업부	Ministre de l'Agriculture, du Développement Rural et de la pêche	MADRP	www.minagri.dz
공공사업교통부	Ministère des Travaux publics et des Transports	MTPT	www.mtp.gov.dz
공중위생국	Office National de l'Assainissement	ONA	www.ona-dz.org
배수관수 시설국	Office Ntional de l'Irrigation et du Drainage	ONID	www.onid.com.dz
고속도로청	Agence Nationale des Autoroutes	ANA	www.ana.org.dz
전기가스 공사	Société Nationale de l'Electricité et du Gaz	SONELGAZ	www.sonelgaz.dz
탄화수소 연구, 생산, 변형, 운송, 판매 공사	Société Nationale pour la Recherche, la Production, le Transport, la Transformation, et la Commercialisation des Hydrocarbures	SONATRACH	www.sonatrach.com
철도 연구, 시공관리, 투자, 관리청	Agence nationale d'études et de suivi de la réalisation des investissements ferroviaires	ANSERIF	www.anesrif.dz

리 믿고 있다. 업무 담당자와 업무협의를 할 경우 시간이 걸리더라도 바로 사업 정보를 심문하듯 묻는 것보다 시간이 걸려도 현지인들처럼 일상생활, 축구, 음식 등 일상적인 대화를 이어가며 정보를 얻는 것을 추천한다. 업무담당자와 친분이 형성될 경우 추진사업 또는 향후 계획 등의 정보도 편히 질의할 수 있게 되는 만큼 시간을 갖고 상대를 이해하고 친분을 형성토록 노력해야 한다. 친해지는 방법은 자주 찾아가고, 같이 식사를 하는 등 자주 만나고 상대를 이해토록 노력하고 공감대를 형성하는 길 외에는 다른 방법이 없다. 처음부터 고위 간부들을 만나려고 하기보다는 실무진을 만나면서 입찰동향을 파악하고 관계자들과 우호관계를 두루 유지하다 보면, 자연적으로 주변인 관련인사들을 소개시켜준다. 조급하게 서두르지 말고 꾸준한 영업과 노력이 뒷받침되면 분명 좋은 유대관계가 형성되어 진행코자 하는 사업에도 도움이 될 것이라 믿는다.

알제리는 사업의 입찰/연기/낙찰/취소 등의 내용을 관보를 통해 공고한다. 에너지광물분야는 바오셈(Baosem: Bulletin des Appels d'Offres du Secteur de

▌ 알제리 주요 관보

	불어명칭	홈페이지
BAOSEM 에너지광물분야 입찰 관보	BAOSEM Bulletin des Appels d'Offres du Secteur de l'Energie et des Mines	www.baosem.com
BOMOP 공공사업분야 입찰 관보	BOMOP Bulletin Officiel des Marchés de l'Opérateur Public	www.anep.com
JORA 알제리 관보	JORA Journal Officiel de la République Algérienne	www.joradp.dz

l'Energie et des Mines), 공공사업분야는 보몹(Bomop: Bulletin Officiel des Marchés de l'Opérateur Public)에 의해 공고된다. 관련 정보는 주요 신문에도 보도되기에, 일간지와 관보를 주기적으로 확인해야 한다. 그 외 코트라 알제리 센터에 현지 정보를 요청할 경우 진출 지상사 대상으로 주요 일간지의 언론보도 스크랩 등을 일정부분 공유해주기에 동향을 미약하게나마 확인할 수가 있다.

회사 영업부서 및 담당자는 meed, CIC 같은 중동북아프리카를 포함하는 다양한 건설 정보지 등을 정기적으로 확인하겠으나, 알제리 입찰을 소개하는 www.dztenders.com, www.algeriatenders.com 같은 전문웹사이트 유료 서비스에 추가로 가입할 경우 알제리 내 관심분야 입찰(공고, 취소, 연기 등)관련 통보 서비스를 더 정확히 제공받을 수 있다. 하지만 실제 공고 당일이 아닌 일정 시일을 두고 알려주기에 해당 서비스에 가입을 하더라도 주기적으로 관보와 신문을 읽을 수밖에 없다. 알제리 특성상 영업 외 정치 및 테러동향 등을 확인하기 위해서라도 주요 신문들을 챙겨보는 것이 바람직하다. 대사관의 국토관이 주재하는 한국업체 건설협의회 및 상무관 주재하는 지상사 협의회 등에 참석하여 정보교류를 하는 것도 좋은 방법 중 하나다.

▌ 인터넷에 검색되는 알제리 불어 언론 홈페이지

Algerie presse service http://www.aps.dz www.aps.dz/en	El Watan http://www.elwatan.com	Le soir d'Algerie www.lesoirdalgerie.com
Echououk www.echoroukonline.com	Ennahar(불/영) www.alg24.net www.dzbreaking.com	Liberte www.liberte-algerie.com
Le quotidien d'Oran www.lequotidien-oran.com	Le matin www.lematindz.net	L'Expression www.lexpressiondz.com
La depeche de kabylie www.depechedekabylie.com	El moudjahid(불/영) www.elmoudjahid.com www.elmoudjahid.com/en	Le temps d'Algerie www.letempsdz.com
Reflexion www.reflexiondz.net	Horizons www.horizons-dz.com	El mihwar www.elmihwar.com/fr
Portail Algerien des energies renouvelables http://portail.cder.dz	Info soir www.infosoir.com	Reporters www.reporters.dz
Le maghreb www.lemaghrebdz.com	La nouvelle republique www.lnr-dz.com	La voix oranie www.voix-oranie.com
L'est republicain www.lestrepublicain.com	Le jour d'Algerie www.lejourdalgerie.com	Le midi libre www.lemidi-dz.com
DK news www.dknews-dz.com	Le jeune-independant www.jeune-independant.net	L'actualite www.lactualite-dz.info
Transaction d'algerie www.transactiondalgerie.com	Le carrefour d'Algerie www.carrefourdalgerie.com	Ouest tribune www.ouestribune-dz.com/fr
Algerie confluences www.algerieconfluences.com	La nation www.lanation.dz	Jeunesse d'Algerie www.jeunessedalgerie.com
Le chiffre daffaires lechiffredaffaires.net	La nation arabe www.lanation-arabe.dz/fr	Tribune des lecteurs www.tribunelecteurs.com
Ouest info www.ouest-info.org	Algerie focus www.algerie-focus.com	Algerie1 www.algerie1.com
Tout sur l'algerie www.tsa-algerie.com	Algerie patriotique www.algeriepatriotique.com	Maghreb emergent www.maghrebemergent.com
Huffpost Maghreb-Algerie www.huffpostmaghreb.com	Algérie360 www.algerie360.com	외 다수.

제시한 매체 외에도 많은 언론 및 정보지들이 있으나, 참고로 자자가 영업 외적으로 정치, 사회, 경제, 치안 등
을 확인하기 위하여 꾸준히 구독했던 언론지는 El Watan, Horizons, El Moudjahid, Algerie Presse Service,
Tout Sur L'Algerie, Algérie360 정도이다.

❷ 영업 및 입찰준비

많은 업체들이 컨설턴트, 소위 에이전트(agent)를 끼고 영업을 하고 있으나
비용과 관련하여 공식화된 사항은 없다. 다만, 내전 종식 후 저자가 부임하기 전

인 2008년 초까지는 알제리 건설시장의 많은 프로젝트들은 정부 고위층과의 인적 네트워크에 따라 결정되었다고 한다. 계약 금액의 일정부분이 수주에 소요되는 비용이었던 것으로 전해지고 있으나 이 또한 확인된 바는 없다.

2010년 우야히야(Ahmed Ouyahia) (전)총리는 부패와의 전쟁을 선포하고 정부 내 부정부패를 척결, 고위 공직자 외부 접촉 지침을 제시하였다. 이와 함께 많은 인사들을 투옥하기도 하였다. 결국 정부의 주요 인사들은 외부와의 접촉을 회피하고 해외업체와의 만남을 꺼려하게 만들었으며, 한때는 기존 진행중인 업무를 제외하고는 고위급 공무원 면담을 위해서는 약 1개월 전 외교적 경로를 통하여 요청해야 하는 등 관계가 많이 껄끄러워지기도 하였고 이는 외국 건설업체의 영업을 더욱 힘들게 했었다. 실제로 에너지광물부 장관이 교체되고 국영석유회사 소나트락(Sonatrach) 사장 및 부사장들이 구속되는 등 여러 사건들이 있었고 다수의 프로젝트들이 의혹만으로 취소되기도 하였다. 현재는 많이 투명해졌다고 하나 아직까지 부패 스캔들 등이 사회적 물의를 빚고 있어 완전히 근절되었다고 보기는 어렵다. 하지만 분명히 예전보다 인적 네트워크에서 실적 및 기술평가와 입찰금액에 따르는 공정 경쟁체제로 변화하고 있다.

입찰 공고 후에는 발주처 출입이 엄격히 제한되고 감시되어, 입찰참여 업체는 서면 질의 등 문서형식 연락 이외에는 발주처와 연락하기가 어렵다고 봐야 한다. 때문에 아직도 발주처와 인맥이 닿는 컨설턴트를 많은 업체들이 활용하는 것으로 전해지고 있으며, 이런 네트워크는 입찰 공고 이후 그 진가를 발휘하는 경우가 많다. 하지만 사전에 충분한 조사가 이루어졌고, 꾸준하고 지속적인 영업으로 발주처와 우호관계를 유지하고 있다면 서면질의에 답신을 하지 않을 이유가 없고 컨설턴트 또한 필수사항이 아님을 개인적으로 언급하고 싶다.

부처 및 기관(발주처)별로 다를 수 있겠으나, 알제리에서 국제입찰에 단독 혹은 컨소시엄 주간사로 참여 시 입찰 지침서를 의무적으로 구입해야 하고 일부 입찰은 자필로 구입 대장에 기록을 남겨야 한다. 사업참여 검토를 위하여 최대한 조속히 지침서를 구매를 해야 하겠지만, 저자는 당일보다 며칠 후 구입하기를 권하고 싶다. 며칠 늦게 구입하여도 제안서 작성에 큰 지장을 초래하지 않는다. 그리고 사전구입 업체를 문의할 수도 있고, 구입 대장을 작성한다면 늦게 구입할수록 대장을 작성하며 사전 구입 업체를 확인할 수도 있기 때문이다. 입찰 지침서를 바로 구입하였다면 현지업체들과 컨소시엄 구성에 적극적으로 나서거나 견적을 받는 업체들을 주시해 볼 필요가 있다. 이유 없이 견적을 받고 프로젝트 유사 건으로 현지업체들과 컨소시엄 구성을 논의할 필요가 없기 때문이다. 여러 정황을 토대로 참여 업체를 압축해 보면 윤곽이 드러날 것이다. 한국기업의 입찰참여 현황은 대사관 국토교통관 주재 건설협의회 등에 참석하며 교류를 통하여 확인이 가능할 수도 있다.

입찰 금액에 관한 정보는 업체마다 철저하게 보안을 유지하면서 제안서 접수시점에 맞추어 작성되는 관계로 정보 입수가 용이치 않다. 하지만 금액 정보를 파악한다면 가격을 조정하여 수익성을 증진시킬 수 있고 불필요한 출혈경쟁을 피할 수도 있다. 컨설턴트를 활용하고 있었다면 입찰금액 정보를 얻으려 직접 앞에 나서기보다 언어장벽이 없고 인적 네트워크를 갖추고 있는 현지 컨설턴트를 활용하거나, 같이 협업하는 현지업체들을 통하여 정보를 입수하는 것도 하나의 방법이다. 하지만 그들이 주는 정보의 정확성은 보장되지 않음을 명심해야 한다.

2) 비즈니스 에티켓과 문화

이메일로 용건을 주고받으면 편할 수 있겠으나, 아직까지 알제리에서는 대부분의 문서를 공문형식으로 팩스를 통하여 송부해줄 것을 요청하는 경우가 많다. 하지만 알제리는 통신 환경이 좋지 못하여 전화가 자주 끊기고 팩스 송수신에 오류가 자주 발생하는 만큼 문서발송 후 전화를 걸어 수령 여부를 반드시 확인해야 하고 역으로 팩스로 수령하는 문서들도 많아 항상 누락은 없는지 신경써야 한다.

알제리 사람들은 상호 간 아무리 급한 용무가 있어도 갑작스럽게 연락하고 찾아가는 것을 부담스러워하기에 공적인 업무일 경우 경험상 여유롭게 1주일 전에 미리 통보하고 찾아가는 것이 바람직하다. 또한 아무리 약속을 하였더라도 대체로 시간 관념이 한국과 같이 정확하지 않고 약속 시간에 나타나지 않아 전화를 하면 금방 도착한다고 하여도 30여 분 이상 지체되는 경우가 생각보다 많다. 따라서 낮 시간에 시간을 넉넉하게 두고 약속을 잡는 것이 좋다. 초기에는 문화가 달라 이해하기가 어렵겠지만 분명 늦더라도 약속 장소에는 나타나기에 기다리는 마음가짐이 필요하다.

면담요청 공문 예시

회사로고

사무실/지사 주소 Alger, Algérie

이메일주소 Tel: 전화번호 Fax: 팩스번호

문서번호

지역(Alger, Oran 등), le 작성일자

A l'attention de 담당자 성명
직함, 담당자소속 회사명

Objet : Prise de rendez-vous   (목적 : 면담요청)

Monsieur,

Je me nomme 책임자 성명, Directeur Général du bureau de liaison 회사명 en Algérie. (안녕하십니까? 저는 XXX 회사의 알제리 지사장 YYY입니다.)

Nous sommes implantés en Algerie depuis 알제리 진출연도 et à ce jour nous réalisons le projet de 알제리에서 진행하는 사업명 en Algérie.
(당사는 XXX년부터 알제리에 진출하여 XXX 프로젝트를 수행하고 있습니다.)

Nous souhaitons vous rendre visite pour présenter notre entreprise et faire plus ample connaissance pour une collaboration future.
(추후 협력 등을 위하여 당사를 소개하고자 면담을 요청드립니다.)

Dans l'attente d'une confirmation de rendez-vous prompte et à votre convenance, Monsieur le directeur, je vous prie de recevoir mes salutations distinguées.
(가능하신 면담일자를 알려주시길 요청드리며, 조속한 시일에 회신을 부탁드립니다. 정중 인사.)

_____서명 및 직인_____.
책임자 성명
Directeur Général
Bureau de Liaison Algérie
(알제리 사무소장/지사장 XXX)

담당자들은 약속에 늦었다고 미안해하거나 바로 업무관련 논의를 하지 않는 등 업무에는 큰 관심이 없어 보이기도 한다. 사람마다 다르겠으나 우리가 보는 시각에서는 대부분 이야기하는 것을 좋아하고 대화에 시간적 구애를 받지 않는다. 때문에 처음부터 업무관련 사항으로 압박하기보다 편한 담소를 나눈 후 천천히 업무관련 사항들을 논의하는 것이 바람직하다. 대화하는 것을 좋아하기에 어떤 화두로 이야기를 시작해도 무방하나 친분이 쌓이면 상대방의 안부를 묻고 가족들은 건강히 잘 지내는지 확인하고 진행하는 사업들은 잘 되고 있는지 물으며 이야기를 시작하는 것이 아이스 브레킹을 하는 좋은 방법이다. 하지만 알제리에서 영어가 가능한 사람은 그다지 많지 않기 때문에 관공서 및 발주처 담당자와 한/불(한국인 통역) 또는 알/영(현지인 통역) 통역을 두고 면담하는 경우가 많아 의사전달에 어려움이 따른다. 통역을 위하여 현지 채용한 직원 대부분은 경험이 부족한 인문대 출신이 많아, 단번에 '기술적인 마인드'를 가지기가 어려워 우선적으로 면담 전 이해를 시켜야 한다. 통역이 자신도 이해하지 못한 엔지니어의 말을 완전한 뉘앙스로 의사를 전달하기란 어렵기 때문이다. 지금까지 해외관련 업무를 담당하면서 느낀 점은 마음이 통하면, 상호 간 전달하고자 하는 말의 이해가 어려워도 노력을 한다는 것이다. 알제리도 사람 사는 사회이기에 비즈니스 파트너보다 친구가 되면 일이 수월해진다. 상호 간 의사전달이 힘들어도 업무의 효율성을 높이기 위해 최대한 자주 왕래하고 친해지도록 노력하는 자세가 필요하다.

현지인들은 고개를 숙여 인사하지 않는다. 친해지면 유럽인들과 같이 악수를 한 뒤 볼을 양쪽에 볼을 맞대는 비주(bisous) 인사를 하므로 친해진 뒤 현지식으로 인사를 하면 호감을 줄 수도 있다. 대부분이 셔츠 차림으로 타이를 매지 않고 업무를 보기에 미팅 시 타이를 매지 않고 수트를 걸치는 것도 드레스 코드에 어긋나는 것은 아니다. 공식 석상에서 타이를 매는 것도 거부감이 없기에 타이를 매든 매지 않든 크게 신경을 쓰지 않아도 무방하다. 그러나 아무리 친분이 싸인 후에도 짧은 반바지, 가슴이 파인 티셔츠 등의 복장은 금지되지는 않지만, 친분형성 후에도 약속 옷차림으로는 삼가는 것이 바람직하다.

알제리 공공기관 및 대부분의 발주처는 문서에 입각하여 융통성이 없고 수동적이며 한국에 비하여 업무처리가 오래 걸린다. 우리가 느끼기에는 대체적으로 업무처리가 관료적이고 배타적이다. 협의 시 실무자에서 담당국장까지 모두 협의를 해야 하는 것도 우리에게는 어려운 점이다. 처음에는 같은 논의를 사람별로 여러 번 하는 것도 이해하기 어려울 수 있겠으나 단계별로 차근차근 설득한다고 생각하면 편할 것이다. 일처리를 빨리 하겠다고 윗선을 통하여 압박하면 대부분의 알제리인들은 자존심이 강하여 역효과가 날 수도 있어 자제하는 것이 좋다. 협의가 필요한 사항이 있을 경우 힘들고 시간이 걸리더라도 전방위로 협의하고 설득하는 것이 경험상 가장 올바른 방법임을 강조하고 싶다.

　미팅 시 한 사람에게만 대표로 선물을 주기보다는 참석한 사람 모두 고루 주는 것이 좋다. 고직급자에게 대표로 주더라도 회의 석상에 참여한 모든 사람에게 간단하게나마 작은 기념품을 준비하는 것이 바람직하다. 저자가 체류 당시 한국업체들은 저렴한 인삼차, 명함 케이스 등을 선물들을 전하곤 했었다. 아직까지는 IT제품에 호기심이 많아 같이 일하는 주요 관공서 및 발주처 인사들에게는 테블릿 PC를 구입하여 기업 홍보영상, 브로슈어 등을 담아 보여준 후 선물로 전하면 좋아하기도 하나, 때로는 거절하고 돌려주는 경우도 종종 있다. 알제리인들은 선물을 좋아하지만 다른 사람이 보는 앞에서 선물을 받는 것을 뇌물로 오해 받을까 꺼려하는 경향이 있다. 친분이 쌓여 친구, 지인처럼 편하게 개인적인 선물을 할 경우에도 남들 앞에서는 오인되지 않도록 조심하는 것이 바람직하다.

❙ 알제리 아랍어 기본 회화
- 앗살라마리꿈: 안녕하세요(신(알라)의 평화가 당신에게 있기를)
- 슈크란: 감사합니다(공식 표현)
- 아떽꿈 사하: 대단히 감사합니다(알제리 통용)
- 사하: 감사합니다(알제리 통용)
- 인샬라: 약속을 할 때 흔히 쓰는 말(신(알라)의 뜻이라면)
- 마알리쉬: 괜찮습니다, 상관없습니다.
- 부크라: 내일
- 알함두릴라: 덕분에(알라에게 찬미를)
- 아띠니 까와: 제게 커피를 주세요(차를 마실지 문의할 경우)

3. 입찰 및 보증서 발급

1) 입찰 참여 및 절차

사업규모가 1,200만 디나(DA) 이하의 공사 및 구매, 600만 디나(DA) 미만의 서비스 및 설계용역 등은 공공계약법 준수 의무가 없으며, 국내기업 육성과 국민경제를 보호하기 위해 알제리에서 생산가능하고 자국 기업이 수행가능한 사업은 통상 국내 입찰로 이루어지도록 되어 있다. 독점 또는 긴급하고 국가적으로 우선순위가 높은 프로젝트 등은 위원회가 구성되어 관리가 철저히 이루어진다고 판단될 경우 입찰없이 협상을 통한 수의계약이 허용될 수도 있기에 모든 공공사업이 꼭 입찰로만은 이루어지지 않는다. 하지만 외국업체가 참여하는 사업은 통상 규모와 금액이 크기에 공공계약법에 따라 입찰이 공고(불문: appel d'offres)되고 평가에 의하여 업체가 선정되는 것이 일반적이라 할 수 있다.

알제리는 공공계약법에 의거 국가부처나 산하 기관의 조달 및 프로젝트 관련 일정 규모 이상의 계약은 입찰절차를 거치도록 하고 있고, 국제 입찰이 이루어졌다 하여도 하청의 30%는 알제리 업체에 용역을 맡겨야 한다고 전한다. 공공계약법은 2015년 09월 16일 대통령령 15-247호의 적용을 받고 관련 법은 자국의 경제 상황 및 정치적 실익에 따라 수정될 수 있는 만큼 영업을 위해서라도 꾸준한 관심을 갖고 주요 내용을 숙지하는 것이 바람직하다.

앞부분에서 언급하였듯 공공사업 입찰은 보몹(BOMOP)을 통해 공지되고 에너지 관련 입찰정보는 바오셈(BAOSEM)을 통해 공지된다. 해당 정보는 인터넷을 통해 구독이 가능하기에 알제리 시장에 관심이 있다면 구독하고 꾸준히 확인하는 것이 좋다. 입찰공고(appel d'offres)를 확인하였으나, 지침서를 직접 구매하기가 어려울 경우 Algeria tenders와 같은 현지 대행업체를 통해 대리구매가 가능하다고 접한 바 있으나 공공계약법은 주간사가 직접 구입토록 명시하고 있다. 위임을 받아 컨소시엄, JV 등의 일원이 구입가능할 수도 있겠으나, 일부 입찰은 지침서 구입대장을 작성하기 때문에 참여하기로 하였다면 직접 방문하여 구매하고 적극적으로 참여의사를 어필하는 것이 영업적으로도 바람직하다.

입찰 시 제안서 제출기한은 입찰 지침서에 명시되어 있으나, 참가 업체들의 요청에 의해 제출기한이 연장되는 경우가 대부분이다. 입찰공고 전 영업의 일환으로 자사의 경쟁력을 알리기 위해 발주처와 교류하고 업체를 설명하는 시간을 가졌다면 발주처도 업체를 충분히 이해했을 것이라 생각해볼 수 있다. 또한 사전 질의응답을 통해 프로젝트 요구사항을 입찰 전 이해하고 준비할 시간을 가졌을 것이다. 꾸준한 영업을 하였고 지속적인 교류로 친분까지 형성되었다면 입찰 시 제출한 제안서가 오인되고 평가절하 되는 경우는 없으리라 믿는다.

입찰 제안서 제출은 통상 밀봉포장, 외부에는 입찰번호(Reference)와 사업명이 적혀 있어야 하고 발주처에서 제시한 문구 'NE PAS OUVRIR'(DO NOT OPEN) 등의 요청문구가 있을 경우 이를 명시해야 한다. 봉투 외부 어느 곳에도 업체를 알아볼 수 없도록 회사명이나 로고가 기재되어서는 안 된다. 통상 가격제안서와 기술제안서를 분리 제출하도록 하고 기술적 제안내용 검토 후 통과된 업체에 한하여 가격심사가 진행된다. 다른 방식에 입찰도 존재할 수 있겠으나, 저자가 경험한 다수의 입찰들은 입찰참가자들 입회하에 개봉되고 참가 업체들의 제출 가격을 확인시켜준다.

낙찰이 되어도 바로 계약이 이루어지지 않는다. 우선 협상자로서 선정되어 발주처 내부적인 절차를 통해 질의와 가격조정이 요구되고 결국 금액의 일부가 삭감되는 경우가 많다. 그리고 우선협상 대상자 결과에 불만이 있는 입찰 참여 업체는 우선협상대상자 공고일로부터 정해진 기간 내에 이의를 제기할 수 있다. 우선협상 대상자 선정된 이후에도 위원회 등의 의견에 따라 추가서류 제출이 요구되는 경우도 있다. 기술과 금액평가 외에도 알제리 업체의 공동 참여, 기술 이전, 자금조달/투자계획, 공기 단축 등 생각했던 것보다 알제리 발전에 이바지되는 요소들이 평가되기도 하며, 입찰 시 기술이전 계획서 및 불공정 행위와 비리 퇴치를 목적으로 성실 서약서 등의 서류제출을 요구하기도 한다.

현지기업이 입찰 참여 시 참여지분에 비례하여 평가점수를 우대 적용토록 하는 제도 등 외국 기업으로 하여금 현지기업과 컨소시엄으로 참여를 독려하는 경우도 많다. 이는 자국의 내수경제를 활성화하고 실업률을 낮추며 기술이전을 받아들이고자 하는 정부의 의지가 담겨 있다.

성실서약서 예시

성실 서약서 번역본

알제리 인민민주 공화국

주체
(부처, 윌라야, 공기업, 정부출현기관)

계약 파트너는 비리퇴치와 관련하여 2006년 2월 20일 1427 모하람 21 n°6－1 법에 의거하여 본 성실 서약서에 동의해야 합니다.

계약 파트너는 명예를 걸고 본인이나 회사의 직원 또는 그 하청업체로 하여금 공직자를 상대로 어떠한 비리를 행하거나 시도하지 않았음을 선언합니다.

계약 파트너는 경쟁사로부터 자신의 제안서를 유리하게 할 목적으로 어떠한 부도덕하거나 불공정한 행위를 하지 않을 것을 약속합니다.

계약 파트너는 법에 의거하여, 공직자에게 선물이나 대가를 주기로 약속하거나 직접적으로 또는 간접적으로, 아니면 본인을 위해서나 다른 개인 또는 단체를 위해 선물이나 여행 또는 비용 지불 등 가치와 본질 여하를 막론하고 공정한 경쟁자와 비교하여 자신의 제안서에 특혜를 주도록 하는 것을 스스로 금합니다.

계약절차 전·현·후에도 불공정 또는 비리 행위의 정황이 발견될 경우, 법규를 위반한 사람에 대해서는 강제적인 조치를 통하여 기업 또는 계약 블랙리스트에 등록되고(거나) 기소의 대상이 됨을 받아드립니다.

계약 파트너명
....

계약 파트너의 대표자 성명
....

년 월 일 　에서 작성
(계약 파트너)서명

---

2) 보증서 발급

우리가 일상에서 경험하는 구매는 돈과 현물의 거래가 동시에 이루어진다. 하지만 기성품이 아닌 주문제작 또는 사전예약 제품은 주문과 공급시점이 상이하기에 거래 관련하여 판매자와 구매자 간 일정 부분에 상호 보장을 요구하기 마련이다. 판매자는 설비투자, 자재구매 등을 위한 계약금을 요구할 수 있고 상품을 받지 못한 구매자는 지급한 계약금과 완성품에 대한 보장을 희망하는 경우라 할 수 있다. 통상 판매자는 제작에 착수할 수 있도록 계약금을 받고 구매자는 지급한 계약금 및 사고와 하자를 대비하여 제3자인 금융기관에서 보증하는 증서를 판매자로부터 수령한다. 알제리에서는 이 보증서를 caution 또는 garantie라고 표현한다.

시공사도 계약 후 목적물의 공사를 수행하는 경우가 많기에 수주에서 완공에 이르는 단계에 따라 일정액을 금융기관에 지급하고 계약에 의거하여 의무이행을 보증하는 보증서를 발급받아 구매자인 사업주(발주처)에 제출한다. 프로젝트별로 상이할 수 있으나, 알제리도 타 국가에서 진행되는 프로젝트와 유사하게 입찰 시점부터 완료시점까지 입찰보증서(Bid Bond), 공사이행보증서(Performance Bond), 선수금환급보증서(Advanced Payment Bond) 등을 공사 시점에 따라 제출하게 되어 있다.

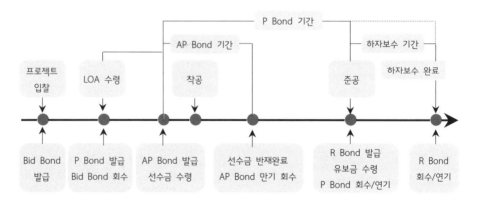

보증서 발급/회수시점 예시

보증서 문구 내용에 따라 보증 내용과 목적이 달라질 수 있으나, 일반적으로 접하는 개념은 아래와 같다.

• 입찰보증/Bid-Bond(Tender Bond)
프랑스어 명칭: caution/garantie de soumission
입찰참여 시점부터 계약에 이르기까지 제반 활동을 중도 취소하지 않고 이행하겠다는 보증으로 Bid-Bond는 입찰 마감일자에 제출한다. Bid Bond를 제출하는 이유는 사업주 입장에서 입찰자들이 입찰에 참여했다가 갑자기 취소하거나 낙찰 후 계약을 거부하거나 P Bond를 제출하지 않는 등 난처한 상황을 방지하기 위해서이다.

• 선급금환급보증/Advance Payment-Bond(AP-Bond)
프랑스어 명칭: garanties de restitution d'avance
선수금(공사 착수금)을 받고 공사를 이행하지 않거나 시공사의 귀책 또는 문제로 인한 기수령 선수금을 발주처에게 환급해야 할 경우 보증기관에서 연대하여 선수금 환급을 보장하는 증서이다.
발주처는 시공사의 계약이행 준비를 위하여 일정액을 착수금으로 선지급하고 매 기성고에서 지급한 선수금을 단계적으로 회수한다.

• 계약이행보증/Performance Bond(P-Bond)
프랑스어 명칭: garantie de bonne execution/fin
계약 시점부터 준공까지 공사를 차질 없이 이행한다는 보증으로 계약자인 건설업체가 공사를 이행하지 못할 경우 보증기관이 보증액을 발주자에게 납입하겠다는 금융기관의 보증이다.

• 유보금환급보증/(Retention-Bond)
프랑스어 명칭: cautions de retenue de garantie, garantie de retenue
공사의 하자보수 충당 목적으로 발주처에서 기성고의 일정 부분을 유보한 금액을 시공자가 보수기간 종료 전 미리 환급 받기 위하여 준공 단계에서 제출하는 보증이다.

시공사가 보증서를 발급받아 발주처에 제공하기 위해서는 금융기관인 은행이나 보증보험사를 통해야 한다. 사업주는 발급된 보증서를 소지하고 있다가 시공사가 계약을 이행하지 않을 경우 이를 보증한 금융기관에 지급 요청을 하고 협의된 보상을 받을 수 있다.

하지만 모든 보증이 동일하지 않고 보증하는 기관과 조건에 따라 미묘한 차이가 있다. 큰 틀에서는 은행에서 발급하는 Bank Guarantee와 보증보험에서 발급하는 Surety Bond로 구분할 수 있다. Surety Bond는 조건부(Conditional)일 수도 있으나, Bank Guarantee는 무조건부(Unconditional)인 경우가 많고 중동/북아프리카 지역 발주처에서는 Surety Bond를 요구하는 경우가 거의 없다. 지급요청(Bond call)이 들어왔을 때 조건부(Conditional)는 조건이 맞아야 보증을 지급하는 것이고 무조건부(Unconditional)는 보증 내용을 사업자인 발주처에게 선지급하고 시공사에 구상권을 청구하는 방식이라 할 수 있다. 알제리 발주처도 타 중동 및 북아프리카 지역과 같이 무조건부 은행보증(Unconditional Bank Guarantee)이 대부분이다.

알제리 발주처는 현지 금융기관에서 발급한 보증서를 요구하는 경우가 많다. 발주처에서 현지 금융기관 보증서를 요구하는 이유는 문제가 발생하여 지급청구권을 행사할 경우 시간 및 공간적 편의와 자국금융권이 외국금융권 보다 우호적일 것이라는 게 개인적인 견해이다. 시공사가 현지 금융기관의 신용공여 한도(Credit Line)를 보유할 경우 모든 보증서 발급 업무가 현지에서 이루어질 수 있고 보증서의 직발급이 가능하기에 업무가 수월해진다.

하지만 시공사가 현지 금융기관의 신용공여 한도가 없고 발주처가 외국 금융기관의 보증을 수락하지 않는다면 업체의 신용도에 따라 다르겠으나, 보증 비용은 가중되고 시공사는 보증수수료를 이중으로 지불할 수밖에 없다. 즉 발주처가 지정한 현지 금융기관과 거래실적이 없어 직접발급이 허용되지 않는다면 한국 또는 해외 유수 은행들에게 보증을 받고 이를 담보로 현지은행으로부터 re-issue 또는 re-confirmation을 받는 형태를 취해야 한다.

알제리 BEA 은행(Banque Extèrieure Algerie), BNA 은행(Banque Nationale Algerie) 등 굵직한 일부 현지(local) 은행을 제외하고는 국내은행과 관계있는 금

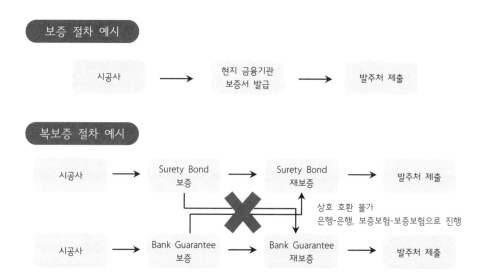

융기관은 거의 없고 관계가 있는 은행도 대부분 한국 수출입은행으로 한정되는 경우가 많다. 또한 알제리 현지 은행들의 해외 주거래금융기관도 한국 은행들과 다소 다를 수 있어 업무에 어려움이 따르나, 거래 관계가 있는 UBAF은행 한국지점 등도 있음을 참고하길 바란다. 시공사는 거래하는 국내/외 은행과 관계(correspondence)가 있는 알제리 은행들을 물색하여 발주처와 해당은행에서 보증서발급이 가능토록 사전협의해 두는 것이 좋겠으나, 발주처도 주거래 은행 또는 보증서 발급을 희망하는 은행이 아닌 타 금융기관을 수락할 이유가 없기에 발주처가 요청하는 알제리 은행과 관계가 있는 국내/외 은행들도 사전에 물색하여 보증서 발급 가능여부 및 비용을 사전에 검토하는 것이 바람직하다.

회사 금융 및 유관부서에서 여러 방면으로 조사하고 꼼꼼하게 일을 챙겼어도 현지 은행의 행정처리 및 서류 검토에 장시간이 소요되고 협의된 보증내용도 수정을 요구하는 등 제약사항들이 존재하여 난처한 상황이 종종 발생하는 경우가 있다. 대부분 알제리 발주처는 보증서 양식을 불어로 제공하고 현지 은행 및 발주처에서 영어 보증서를 거부하는 경우가 많아 입찰 및 프로젝트준비 단계에서 필히 시간을 두고 준비하는 것이 좋다. 보증 은행과 재보증을 하는 현지 은행은 전문으로 업무를 보기에 알제리 내 현지 근무자가 따로 관여할 필요는 없겠으나, 발주처에 보증서 제출 시 난처한 상황이 생기지 않도록 은행으로부터 제출 당일이 아닌 안전하게 시간을 두고 미리 수령하여 입찰 지침서에 제공한 문구 등과 동일한지 오타나 금액에 잘못된 내용은 없는지 꼼꼼히 확인하고 제출하는 것이 바람직하다.

III. 사업정리 및 철수

1. 청산 유의사항

철수를 준비한다면, 진행하는 사업의 종료, 지사 및 법인 폐쇄 등을 계획하고 남은 자산회수 절차를 알아보게 될 것이다. 진출할 때는 현지 정부로부터 환영 받았어도 철수 시에는 부여받은 혜택 반납 및 자금 정산으로 복잡할 수 있다. 진출할 때와 달리, 본사의 관심과 지원도 미약할 것이기에 무리하여 단기간 내 정리코자 하지 말고 차근차근 절차에 따라 진행하는 것이 경험상 가장 빠른 길임을 꼭 일러주고 싶다.

투자사업을 목적으로 진출시 현지 정부로부터 투자혜택을 부여받은 경우 사업 철수시 받은 혜택 반납을 요구받는 것은 당연한 일이다. 하지만 사업자 입장에서 투자비용과 잔고를 모두 놔두고 떠날 수 없는 것이 현실이다. 한국에서도 막대한 사업 이득을 챙기고 철수하는 금융권 외국사업자를 세무서에서 뒤늦게 저지를 가해 투자자-국가간 국제재판이 이뤄지는 내용을 뉴스를 통해 접하였듯 서로의 입장은 다를 수밖에 없다.

알제리 지사 정리와 법인을 청산을 경험해본 결과 금융과 행정이 느려 시간이 걸릴 뿐 모든 관련기관에 정당한 논리로 합당한 협의를 요구하면, 의외로 생각보다 잘 받아주었다. 법인 사업장에서 혜택을 받았다면 입출금 내역과 VAT, 관세, 법인세 등 감면혜택 내용을 대조하고 서로간 문제되는 부분의 의견차를 좁히면 합의안이 보일 것이다. 그 외에는 부당해고와 불법외화 반출 등의 실수를 범하지 않도록 조심해야 하며, 알제리는 사업 참여기관간에도 교류가 없어 청산 시 작성하고 제출하는 서류에 더욱 신경을 기울이고 필히 제출하는 모든 서류들의 사본을 만들어 관련기관 확인(사본에 직인 요청할 것)을 받아두고 혹시 모를 문제를 대비하는 것이 좋다.

1) 직원정리

저자는 법인설립 당시 하루 3시간가량 일하는 가사도우미를 일용직 아르바이트생으로 고용했었다. 당시 아르바이트생은 근로계약을 회피하였고, 진출한 많은 업체에서도 아르바이트라 문제없을 것이라는 의견에 따라 2년간 근무 후 다른 일을 찾아 떠났다. 하지만 영문도 모른 채 6개월 뒤 부당해고로 신고되어 4개월간 노동청 및 법원에 불려 다녀야 했었다. 다행히 회사가 아닌 저자 이름으로 아르바이트 비용 지급 확인서를 받아 뒀기에 개인간 거래로 입증되어 잘 마무리 되었다. 하지만 유죄로 인정되었다면 회사는 10(6+4)개월간의 급여 외에도 근무초기부터 미납된 세금, 사회보장세, 벌금 등 큰 금액을 치러야 했을 것이며, 이런 불상사는 의외로 외국업체에서 자주 발생한다. 이런 상황이 청산 시점에 발생하였다면 해결이 더욱 힘들었을 것이고 청산에 어려움을 줬을 것이다.

특히 본국이 아닌 우리가 진출하는 해외는 고용과 관련해서 법은 고용주에게 항상 불리함을 명심해야 한다. 철수시점에는 일부 근로자들이 자연스럽게 부당해고 등 여러 사유로 보상을 요구할 수 있으며 노동청에 신고를 하면, 잘못이 없더라도 청산을 장기간 지연시킬 수 있다. 근로계약 없이 일을 시켰을 경우에도 법적으로는 정규직에 해당되기 때문에 절대 계약 없이 일을 시켜서는 안 되고, 늦었더라도 계약서를 작성하고 밀린 세금과 사회보장세를 모두 납부토록 해야 하며, 철수단계에서 무작정 해고하다 소송에 휘말릴 수 있으니, 법규와 절차를 준수토록 해야 한다. 이런 사태가 발생할 경우 청산을 준비하기도 전에 3~4개월을 노동청과 법원에 출석하는 등 청산 서류발급에도 지장이 발생할 수 있으니 유의토록 해야 한다. 이와 관련하여 『APS(Algérie Press Service)』 2016년 03월 28일 보도를 통하여 사회보장세(CNAS) 미신고 근로자의 자진신고를 촉구하였으며, 신고 기간 이후 근로자 미신고 시 고용주는 근로자당 10~20만 디나(DA)의 벌금형 및 최대 6개월 실형과 재범의 경우 벌금 50만 디나(DA) 및 최대 징역 2년 실형을 언급할 만큼 중대한 문제라 지적하였다.

2) 자금신고 및 외화반출

알제 및 오란 공항 입국 시 외화 및 귀중품 신고 부스가 있다. 외형으로는 무엇을 하는 곳인지조차 분간하기 어려워 대부분 무심코 지나가는 경우가 많다. 일부 신문에서는 한동안 외국인 외화 반출이 이슈가 되어 외국인 반출가능 한도가 미화 700불(USD) 또는 유로화 500유로(Euro) 등 떠들썩한 적도 있었다. 실례로 한 건설업체에서 북아프리카 시장조사차 소지한 외화를 신고하지 않고 알제리에서 출국하다 소지하고 있던 미화 3만불(USD)을 압수당하고, 출장자 모두 구치소에 수감된 사례를 대사관을 통해 접한 적이 있다. 그만큼 알제리는 외환관리가 까다롭다. 따라서 신고 없이 입국하거나 무심코 반출하면 심각한 문제로 번질 수 있으니 꼭 명심해야 한다.

입국 시 신고를 하였다면 문제가 없겠지만 출국 때 세관에서는 소지한 외화를 고정적으로 문의하기에 언어가 통하지 않는 외국인은 미화 200~300불(USD)을 들고 출국할 때도 스트레스를 받으며 고민하는 경우가 빈번하다. 결국 일부는 해당 세관직원에게 커피 값을 주며 친해지기도 하고 일부는 소지한 돈을 모두 압수당하는 웃지 못할 상황이 벌어진다. 만약 신고를 하였더라면 어떠한 상황에서도 떳떳하게 따졌을 것이다. 그래서 저자도 어느 순간부터 알제리에 입국할 때는 소지한 모든 금액을 한도와 상관없이 신고하는 버릇이 생겼다.

저자가 지사근무 당시 대사관으로부터 협력업체 사장이 공항 경찰서에 있다는 전화를 받고 한국대사관 영사업무 담당 서기관과 찾아갔던 적이 있다. 도착해보니 불법외화 반출로 협력업체 사장은 구속조치 중이었고, 사장은 한국에서 환전한 증명서류를 제시하며 설명하였으나, 현지 경찰들은 이해를 못하는 상황이었다. 협력업체 사장은 진행중인 공사 외에 타 기업 하청으로 고정사업장(Etablissement Permanent) 설립을 위해 알제리로 일정 자금을 송금하였으나, 신청한 송금이 늦어질 것을 예상하고 운영비로 미화 2만불을 들고 입국하였던 것이다. 하지만 송금이 조속히 이루어질 것을 확인하고 다시 들고 출국하던 차에 공항세관에 발각되어 구속되었던 것이다.

결국 협력업체 실수로 저자도 한동안 외화유출 의심을 받으며, 검찰조사까지 받고 현지 법원에 2개월간 같이 출석하며 해명해야 했다. 이 문제로 원금 몰수 및 원금 2배에 달하는 벌금을 내고서야 문제를 해결할 수 있었다. 모든 직원이 철수하고 한국에서 출장하여 청산을 진행할 경우 비자 유효기간과 상관없이 1회 최장 체류 기간은 통상 90일이다. 청산이 3개월 이상 지연될 경우 출국했다 다시 입국해야 하는데 청산 대리인은 이런 문제를 예방하기 위하여 입국 시 소지한 외화가 미화 1,000불 이상일 경우 필히 신고해야 한다. 어떠한 경우에도 잔금을 인출하여 환시장에서 환전 후 반출하는 것은 옳은 방법이 될 수 없다. 본국에 들어와도 회수금으로 인정받기 힘들고 회사 계좌에 입금시킬 명목도 없기 때문이다. 하지만 가장 큰 문제는 알제리 공항에서 체포되어 외화 몰수 및 구속당할 소지가 크기 때문이다.

알제리에 6개월 이상 체류한 노동허가와 체류증 소지 직원은 현지계좌에서 7,600유로 미만으로 인출하여 출국할 수 있다. 알제리 관세청에서 배포하는 설명자료에는 은행 인출 증빙이 있을 경우 7,600유로 한도 내, 그 이상은 중앙은행 승인을 득해야 반출이 가능하다고 명시하고 있다. 하지만 공항 세관원은 해당 규정을 잘 모르는 경우가 많아 청산진행 중에는 가능한 출국하지 않고 힘들어도 외국인 사무소에서 체류기간을 연장토록 노력하는 것이 가장 바람직하다. 큰 금액이 아니더라도 만약 외화 불법 반출 문제가 사업정리 시점에 발생한다면, 관련기관들은 더욱 유심히 따져들 것이기에 자금 반출 관련사항은 필히 유념해야 할 필요가 있다.

2. 청산절차

1) 고정사업장 정리

알제리는 수주 사업이 많은 환경으로 고정사업장으로 운영되는 건설현장이 가장 많을 것이다. 대부분의 건설현장들은 공사계약서를 소지하고, 계약이 합법적으로 이루어졌기에 큰 애로사항이 없는 한 계약에 따라서 공사를 마무리하고 현장을 정리하면 된다. 하지만 해외공사를 경험해보고 의견들을 취합해보면 공사가 끝났어도 얽힌 사항들이 남기 마련이고 이는 발주처(사업주)와 풀어나가야 하며 완공 후에도 상당한 시간이 소요되는 경향이 있다. 행정 및 세무적으로는 법인세, 사회보장세, 전문 활동세, 부가세, 근로소득세, CACOBATPH, OPREBAT 등 모든 미납금을 납부하고 세무서에서 사회보장 계정과 세무 계정을 모두 폐쇄 후 은행잔고를 정리하고 철수해야 한다.

은행 계좌로는 INR 계좌와 CEDAC 계좌가 있다. INR 계좌는 공사를 위한 계좌이며, CEDAC 계좌는 필요 시 한국으로부터 외화를 송금받기 위한 계좌이다. 고성사업장을 운영하며 자금이 부족한 경우 CEDAC 계좌를 통해 본사로부터 송금받아 INR 계좌에 입금 후 집행을 하였을 것이다. 이런 경우 INR 계좌로 입금한 금액만큼 다시 CEDAC 계좌로 역입금하여 해외송금이 가능하다. 하지만 사업 종료시점이 되면 INR 계좌로 수금되어 남은 현지화는 계약에 따라 송금이 불가능할 가능성이 크다. 만약 잔금이 CEDAC 계좌로 송금받았던 금액보다 많이 남았다면, 합법적으로 송금할 방법은 많지 않다. 또한 계약 만료 6개월 후 INR 계좌는 자동 폐쇄되고 잔고 인출권한이 없어지기 때문에 잔고 활용을 위해서는 우선적으로 사전에 계약 연장을 준비토록 해야 한다.

INR 계좌에 잔금이 남았다면 무리하여 직접 반출하거나 무리수를 두기보다는 현지 지사 운영비 등으로 선 소진하고 그래도 잔금이 많이 남는다면 회계법인의 조언을 받아 합법적인 방법을 찾아보길 권한다. 저자도 초기에는 대외송금이 어려울 것으로 여겼으나, 합작법인의 주주사 외화송금을 세무서 담당자, 주거래 은행 및 컨설팅업체(회계법인)의 도움으로 합작법인과 주주사간 운영자문(Management Consulting) 계약을 맺고 본국 주주에게 송금한 경험이 있다. 알제리에서 회계법인 및 컨설팅 용역업체로는 저자가 운영하던 합작법인의 회계감

• 보증금 송금 신청서(좌)　　• 잔금회수 및 계좌 폐쇄 요청문(SAMPLE)(우)

사였던 Mazars(Hadj Ali)와 KPMG, E&Y, PwC 등 다수의 유명업체들이 진출해
있으니 필요하면 조언을 구해보길 바란다.

　　하지만 통상적으로 남은 잔금은 송금 불가분일 경우가 많아 사업 종료시점

• 지방세무서 발급(Extrait de Roles)(좌)　• Mainlevee 불문(중앙)　• Mainlevee 아랍어(우)

에는 현지화를 미리 소진하고 자산매각 등을 통하여 운영자금을 확보하고 사업을 정리하는 것이 가장 바람직하다.

2) 지사 철수

지사는 모든 운영자금을 CEDAC 계좌로 받기 때문에 해외송금이 가능하다. 하지만 행정이 느려 진행이 지체되고 처리가 빨리 이루어지지는 않는 단점이 있다. 지사도 하나의 사무소이므로 현지에서 채용한 직원의 사회보장과 소득세를 모두 납부해야 폐쇄가 가능하다. 여기서 지방세무서에서 발급하는 세금미납 내역(Extrait de Roles)에 밀린 세금이 없음(Néant)으로 표시되어야 하며, 세회보장세(CNAS) 계정폐쇄를 위하여 계정중지 확인서(Avis de Suspension) 요청 전 사회보장 계정내역(Attestation de mise a jour)을 발급받아둬야 한다.

모든 납부의무와 세금이 완납되었다면, 관련 증빙 서류와 함께 상공부(ministère du commerce)에 지사 폐쇄 신청을 요청하면 된다. 상공부(ministère du commerce)에서 확인 후 승인이 완료되면 설립 보증금 미화 2만불(USD)을(2016년부터 지사설립 보증금 미화 3만불(USD)로 인상됨) 회수할 수 있는 보증해지(mainlevée) 서류를 아랍어와 불어로 각 1부 작성하여 발급한다. 이를 은행에 제출하고 보증금 계좌에서 국내 본사로 송금하고 CEDAC 잔고를 정리하면 업무가 마무리된다. 행정과 업무진행이 느리기에 필히 모든 송금이 완료됨을 확인한 후에야 철수해야 한다. 지사의 잔여재산을 국내로 회수한 후에는 재산목록, 대차대조표, 재산처분명세서 등을 지정거래외국환은행에 제출해야 한다.

3) 법인청산

모든 업무를 단번에 해결하려고 한다면 주요 사항을 누락하기 마련이다. 법인청산을 진행한다는 것은 생각보다 복잡하고 정리해야 할 부분이 많기에 필히 check list를 작성하여 누락된 서류는 없는지, 다음 진행일정은 무엇인지 확인하며 하나씩 해결해나가야 업무진행이 순조롭다. 저자는 다음과 같이 항목별 check list를 작성하여 진행하였다. 청산을 진행한다면, 정리에 필요한 표를 작성하여 미결사항이 있는지 진행은 어느 정도 되었는지 확인하며 진행토록 하는 것이 바람직하고 관리하기도 수월하다.

알제리도 타 국가와 같이 법인을 청산하기 전에 주주결의가 있어야 한다.

| Check list 예시

구분	항목
VISA/PERMIT	• 체류기간 연장- 비자 & 체류증(필요 시)
은행/Bank	• 순환중인 수표 회수 • 송금(자본금 회수) 가능액 및 수수료 확인
공증/NOTAIRE	• 주총결의서 공증 • 청산결의 boal 등록 • 청산 신문공고
회계/감사보고서	• 청산 감사보고서 작성 • 청산 재무제표 등록
사무실/office	• 자산 매각 • 전기, 수도, 통신비 미납분 해결 • 사무실 계약 정리
사회보장/Cnas	• 미납 사회보장세 납부 • 퇴사직원 신고(Etat des movements salaries) • attestation de mise a jour 발급 • avis de suspension 발급
세무서 중앙세무서(DGE) 지방세무서(LOCAL)	• 미납 지방세 납부 • Extrait de roles 발급 • 미납 세금 납부 • 부여혜택 반환(VAT/세제혜택) • attestation de situation fiscale 발급 • attestation de transfert de fonds 발급
상업등기소 사업등록증 말소	• 사업등록증 반환 • 청산 신문공고 사본 제출 • Extrait de roles 제출 • attestation de situation fiscale 제출 • 주주총회 청산결의 사본 제출 • 사업 말소증 수령
자본금 회수	• attestation de situation fiscale 제출 • 청산 감사보고서 제출 • 청산 재무제표 제출 • 사업 말소증 제출 • 주총결의서 공증 • 청산결의 boal 등록본 제출 • 신문 공고 사본 제출 • attestation de transfert de fonds 제출 • 은행송금신청서 작성 • 은행 요청서류 준비

주주총회에서 청산결의와 청산사무실 및 대리인을 선정한 후에야 합법적인 청산 작업에 들어갈 수 있다. 주주들간 모든 합의가 완료되었다면 공증인을 통하여 BOAL(Bulletin Officiel des Annonces Legales) 등록 후 법인 청산진행을 신문에 공고하고 관할기관 및 은행에 청산 대리인 신분을 통보해야 한다. 결의 시점부터 법인의 모든 권한과 책임은 청산대리인에게 있기에 최대한 빨리 통보하고 법인창산 사무실 위치를 알려야 채무해결이 수월해진다. 법인 사무실 임대계약 기간이 남아있을 경우 청산사무실로 활용할 수 있으니 별도로 임대하지 않아도 된다.

청산 특별주총 결의서 예시

Procès-verbal réunion d'assemblée générale

Extraordiaire en date du 일자

20XX년 XX월 XX일 YY기업 특별 주주총회 의사록

일자 à 시간,
특별주총 장소(주소)

Les actionnaires de la société 회사명 (ci-après la «société»), au capital de 자본금 금액, se sont réunis au 주주총회 주소, en assemblée générale extraordinaire(ci-après l'«assemblée générale») sur convocation par courrier recommandé. (등기우편을 통하여 자본금 XXX(자본금 금액) 디나(DA)의 XX(회사명)기업의 주주들은, XX 주소로 소집되었음을 알립니다.)

Etaient présents: (참석자 명단)
  ▸ Représentant de XXX 홍길동 (XXX기업을 대표하여 홍길동)
  ▸ Représentant de YYY 홍길동 (YYY기업을 대표하여 홍길동)

Il a été établi une feuille de présence qui a été émargée par chaque membre de l'assemblée générale en entrant en séance, tant en son nom personnel que comme mandataire. (주주총회 참석 전 주주 및 대리인 출석명단을 확인함)

Les actionnaires présents ou représentés possédant au moins la moitié des actions ayant le droit de vote, l'assemblée générale est ainsi réguliairement composée et apte à délibérer valablement. (주주 또는 대리인은 의사권을 소유하였고 총 주식 과반 이상 참석으로, 주주총회는 적법하게 심의할 여건을 갖추었다.)

Monsieur XXX의장 성명 préside l'assemblée générale(ci-après «président de séance») (홍길동 이사는 의장으로서(이하 '의장') 주주총회 개최를 선포하고,)
Le bureau certifie exacte et sincère la feuille de présence annexée au présent procès-verval et en fait foi. (주주총회는 결의안 승인 증빙으로 참석자 출석부에 서명을 득하고 별첨함)

Constatant que l'assemblée générale est régulièrement constitué et peut valablement délibiérer, le président de séance met à la disposition de chacun des membres présents les documents suivant: (주주총회가 적법하게 성립됨을 확인하고, 의장은 아래 자료들을 제공하였다.)

▸ La feuille de présence; (출석명부)
▸ L'ordre du jour. (의안자료)

Le président de séance rappelle l'ordre du jour suivant: (의장은 의안을 상정한다.)

Ordre du jour (의안)

1. Dissolution anticipée de la société (회사 조기해산)
2. Nomination d'un liquidateur, description de sa mission et détermination de sa rémunération (청산 대리인 선정, 업무범위와 급여)
3. Pouvoirs en vue des formalités de dépôt et de publicité (공고 및 업무처리를 위한 권한)

Personne ne demandant plus la parole, le président de séance ne met aux voix les résolutions suivantes. (의장은 아래 안건들을 상정한다.)

<u>Résolution n.1: Dissolution anticipée de la société</u> (회사의 조기해산)
En application des dispositions de l'article XX 정관 청산관련 조항 des statuts et de l'article 715 bis 18 du code de commerce, l'assemblée générale prononce la dissolution anticipée de la société. (정관 XX조 및 상법 715(bis)조 18항에 의거 주주총회는 회사의 조기해산을 결의한다.)

Conformémént à l'article 766 du code de commerce, la société est donc en liquidation à compter de ce jour. (상법 766조에 의거 회사는 현 시점부터 청산절차에 들어간다.)

Cette résolutin, après délibération, est adoptée par l'assemblée générale à l'unanimité des votants (주주총회는 출석 주주 전원의 찬성으로 제1호 결의안을 가결한다.)

<u>Résolution n.2: Nomination d'un liquidateur, description de sa mission et détermination de sa rémunération</u> (청산 대리인 선정, 업무범위와 급여)
L'assemblée générale désigne Monsieur 청산대리인 성명 né le 출생일자 sous le numéro de passeport 여권번호 en qualité de liquidateur de la société (ci-après la «liquidateur»), avec notamment, la mission suivante: (주주총회는 XXX여권번호

소지한 XXX 출생 홍길동을 회사 청산대리인(이하 '청산대리인')으로 선정하고, 아래와 같은 업무를 부여한다.)

- Gestion, paiement, transfert et clôture des comptes bancaires; (대금지급, 송금 및 은행계좌 해지)
- Résilier les baux et licencier le personnel; (임대계약 해지 및 직원 해고)
- Dépôt, retrait et signer les papiers administratives au nom de la société; (회사명의 공문 서명 및 제출)
- Monsieur 청산대리인 성명 reçoit en sa qualité de liquidateur les pouvoirs les plus étendus pour mener à bien la liquidation, réaliser l'actif et payer le passif; (자산을 보호하고 채무변제 등, 청산대리인 XXX은 업무 진행에 필요한 모든 권한을 부여 받는다.)
- Le liquidateur devra réaliser la totalité de l'actif, solder l'emsemble des dettes et veiller au rapatriement du solde de trésorerie disponible à la fin de liquidation, pour chacun des actionnaires; (청산대리인은 모든 자산을 확인하고 채무변제 후, 잔고를 회수하여 각 주주들에게 분배한다.)
- A l'issue des opérations de liquidation, convoquer les actionnaires aux fins de statuer sur le compte définitif, sur le quitus de la gestion du liquidateur et la décharge de son mandat et constater la clôture de liquidation; (청산 진행중 청산대리인은 주주들을 소집하여 운영, 청산결과 지출보고를 하고 완료 시 위임 권한을 반납한다.)
- Et, plus généralement, prendre toutes mesures nécéssaires à la liquidation de la société, dans l'intérêt de cette dernière et des actionnaires; (주주 보호 및 회사 청산에 필요한 모든 조치를 취한다.)
- Le siège de la liquidation est fixé au 청산 사무실 주소 (청산 사무실 조수는 XXX에 위치한다.)

La rémunération du liquidateur est bassée sur son salaire mensuel

Le liquidateur a d'ordre et déja exprimé son accord sur ce qui précède.

(청산대리인은 위에 해당하는 업무를 기 승인하였으며, 청산대리인 보수는 월 급여로 대체한다.)

Cette résolutin, après délibération, est adoptée par l'assemblée générale à l'unanimité des votants (주주총회는 출석 주주 전원의 찬성으로 제2호 결의안을 가결한다.)

Résolution n. 3: Pouvoir en vue des formalités de puplicité (공고 및 업무처리를 위한 권한)

L'assemblée générale donne tous pouvoirs au porteur d'originaux ou de copies du présent procès-verval à l'effet de procéder à toutes formalités légales de dépôt, de publicité ou autres conformément à la loi. (주주총회는 의사록 원본 또는 사본 소지자에게 청산 공고, 행정절차의 모든 권한을 부여한다.)

Cette résolution, après délibération, est adopté par l'assemblé générale à l'unanimité des votants (주주총회는 출석 주주 전원의 찬성으로 제3호 결의안을 가결한다.)

Plus rien n'étant à l'ordre du jour la séance est levée à 주주총회 마감시간. (추가 의결 안건이 없으므로 주주총회는 XX시에 종료하였으며,)
De tout ce qui précède, il a été dressé le présent procès−verval qui, après lecture, a été signé par les membres du bureau. (결의 확인을 위하여 주주 검토 후 출석 전원이 의사록에 기명 날인하였다.)

<u>Liste de présence</u> (주주서명)
- − Représentant de la société XXX회사명. Administrateur 홍길동 서명
  (XX기업을 대리하여 이사 홍길동 서명 및 직인)
- − Représentant de la société YYY회사명. Administrateur 홍길순 서명
  (YY기업을 대리하여 이사 홍길순 서명 및 직인)

철수하는 외국기업에게는 청산대리인의 주 임무는 남은 자본금을 회수하여 각 주주들에게 올바르게 분배하는 것이다. 그렇다고 계좌에 있는 자금을 무작정 송금할 수 없고, 한다 하여도 은행에서 거부당할 것이다. 결국, 주주에게 자본금을 올바르게 반환하기 위해서는 채무정리, 자산매각, 직원정리, 사무실 폐쇄 등 다소 불편하고 힘들어도 절차와 여러 행정업무를 마무리 지어야 한다.

청산대리인의 신원을 알렸다면 자금회수와 연관 있는 채무관계부터 정리해야 한다. 알제리는 수표(Chèque/check)를 발급하였어도 행정이 느리고 수표순환이 잘 되지 않는 국가다. 때로는 1년 넘게 발행한 수표를 입금시키지 않고 들고 있는 사례도 있으니 필히 유념하고 꼼꼼히 챙겨야 한다. 자본금 회수를 준비하는 시점에 예상 못한 발행수표가 계좌에서 인출된다면 송금신청을 번복하고 주주에게 반환할 송금액을 첨부터 다시 계산하고 송금에 필요한 모든 행정절차를 다시 밟아야 한다. 그렇기에 필히 계좌에서 인출되지 않는 수표는 빠짐없이 입출금 및 계좌내역과 대조하여 회수토록 해야 한다.

모든 수표가 회수되었다면 미납된 세금을 납부하고 자산매각까지 고민해야 한다. 하지만 자산매각이라는 것이 쉬운 일이 아니다. 매입하겠다는 사람도 없을 것이고 구입할 때는 힘들게 구입하였어도 청산 시점에는 대부분 부피만 크고 처치 곤란한 짐들뿐이다. 또한 폐기를 위해 관할 미화당국에 알려도 부피와 물량 때문에 계속 회피할 것이다. 결국 빠른 처리를 위하여 청산에 필요한 기본사항만 남겨두고 매각 가능한 일부 가전만 현금화하고 처리 불가능한 가구 및 집기는 일괄 양도할 수밖에 없다.

모든 자산을 매각하고 채무정리가 완료되었다면 더 이상 직원이 필요 없기에 모두 정리하고 행정을 마무리 지어야 한다. 직원이 9명 이상일 경우 사회보장세(CNAS)를 매월 신고하고 납부했겠지만 미만인 경우 분기납부기에, 소급 적용하여 마지막 근무 개월까지만 납부토록 하고 퇴직자 신고서를(Etat des mouvements salariés) 제출해야 한다. 모든 납부가 완료되면 완납 확인서(Attestation de mise à jour)와 사회보장 계정 정지 확인서(avis de suspension)를 발급받아 증빙으로 남겨야 한다.

attestation mise ajour 및 avis suspension 발급 예시

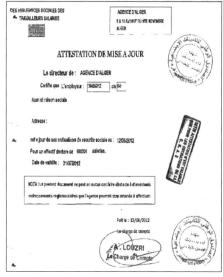

• Attestation de mise a jour CNAS(좌)   • Avis Suspension(우)

attestation de situation fiscal sample + 사업등록 말소확인증

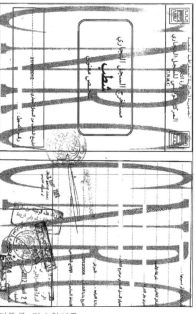

• attestation de situation fiscal sample 및 사업등록 말소확인증

세금 관련해서는 법인운영 중 관할 지방세무서와 중앙세무서(DGE)에 각각 매월 G50 세금신고서를 제출했을 것이다. 지방세무서에 들려 기존 신고된 G50 토대로 Extrait de rôles을 발급받아 중앙세무서에 제출해야 한다. 이때 세무카드(Carte fiscal), 3년치 재무제표, 등록 완료된 청산 감사보고서(재무제표 포함)를 같이 제출해야 Attestation de Situation Fiscal을 발급받을 수 있다.

세무와 노무 및 채무정리가 모두 완료되었다면 사업등록증을 말소시켜야 한다. 사업등록증을 말소시키기 위해서는, 상업등기소(CNRC)의 법인말소 양식과 사업등록증 원본, 주주총회 청산결의 공증본, BOAL 등록 사본, 일간지 청산공고 사본, Extrait de roles 사본, attestation de situation fiscal 사본을 제출해야 한다. 말소 비용은 2,080디나(DA)이며 말소확인증 발급은 빠르면 당일에도 이루어진다.

이 모든 것이 완료되었다면 기성수금 때와 동일한 방법으로 송금승인서 (attestation de transfert fonds)를 발급받아 송금을 진행하면 된다. 송금해야 할 계좌는 필히 초기 자본금을 납부받았던 계좌 혹은 힘들 경우 송금을 해줬던 사람/회사에게 해줘야 한다. 그래야 본국에서도 외환관리 규정을 준수하고 금융관련 부서에서 세무와 행정을 수월하게 처리할 수 있다.

현지에서 법인정리 및 청산업무가 끝나고, 잔여자금이 국내로 회수되었어도 청산 보고서와 부속서류를 외국환거래은행에 제출해야 하기에 필요한 서류들과 근거 자료들은 사전에 준비하는 것이 바람직하다. 사내 담당 부서에서 외부 제출용 청산보고는 준비하겠으나, 경험상 신고 외에도 여러 관리 부서 및 합작법인의 경우 주주들의 사업초기부터 청산시점까지 많은 부분에 문의를 한다. 결국 청산대리인은 사업 history부터 입출금 내역, 세무, 노무 등 사업초기부터 청산까지 전반사항의 숙지를 해야 한다. 질의답변 외에 진행부서가 없어 "해외 직접투자사업 청산신고"까지 외국환거래은행에 직접 진행해야 할 경우 사내 금융 및 관리부서 또는 외국환 거래은행의 도움을 받아야 하며, 제출 서류를 작성하고 제출까지 완료해야 비로소 청산 업무가 마무리되었다고 볼 수 있다.

지침서식 제9-14호

해외직접투자사업 청산 및 대부채권 회수보고서

■ 청산   □ 대부채권 회수

1. 투자자 현황

(담당자명 : 홍길동   전화번호 : 02－XXX－XXXX)

상호 또는 성명	㈜XX건설	사업자(주민)등록번호	
소 재 지(주 소)			

2. 현지법인에 관한 사항

현 지 법 인 명	현지에서 등록되었던 법인명		
소 재 지(주 소)	XXXX		
법 인 형 태	■ 법인 □ 개인기업 □ 기타 □ 해외자원개발사업	납 입 자 본 금	XXXXX DA
투 자 형 태주1)	□ 단독투자 □ 공동투자 ■ 합작투자(한국측 투자비율 : %)		

주 1) "공동투자"라 함은 국내투자자와 공동으로 투자하는 경우를 의미하며 "합작투자"라 함은 비거주
자와 합작으로 투자하는 경우를 의미함.

3. 대부금 회수 내역

		일자	원금
	대부금액		
회수 금액	기 회수금액		
	금회 회수금액		
	잔 액		

4. 잔여자산 회수 내역

    가. 해산개시일(해산등기일): XXXX.XX.XX   청산종료일: XXXX.XX.XX

    나. 청산등기일 현재의 재산상황

(단위: DZD)

자산	금 액	부채 및 자본	금액
자산	134,464,006	부채	24,523,572
		자본금	240,000,000
		손 실	−130,059,566
계	134,464,006 (US$ XXXXX)	계	134,464,006 (US$ XXXXX)

* 환산율 : US$ 1＝ DZD XXXX

    다. 청산손익(해산일로부터 청산종료일까지의 손익): 743,904.97

    라. 회수되어야 할 재산[("가"의 순재산액±"나")×한국측 투자비율]

      : DZD 134,464,006

    마. 회수재산 내역

(단위 : DZD)

회수일자 구분	회수재산의 종류	금액	비고
	현금 및 현금성자산 매각대금	XXXXX	USD XXXXX
계			

주) 금액단위가 US$ 이외인 경우는 US$에 의한 환산액을 비고란에 기입할 것

    바. 회수가 불가능한 재산이 있을 경우 그 내역 및 사유: DZD XXXXX
현지 부채 계상분(직원급여, 주주 채무 등)에 대한 부분을 제한 나머지 부
분에 대해서만 회수 가능하다는 감사의견에 따라 총 회수되어야 할 총계에
서 부채 등을 제하고 회수함.

5. 첨부서류

   가. 청산인 경우

   - 등기부등본 등 청산종료를 입증할 수 있는 서류

   - 청산손익계산서 및 잔여재산 분배전의 대차대조표

   - 잔여재산(증권의 전부 양도인 경우에는 양도대금) 회수에 대한 외국환은행의
     외화매입 증명서(송금처 명기), 또는 현물회수의 경우 세관의 수입신고필증

   나. 대부채권 회수인 경우

   - 외환매입 또는 예치증명서(송금처 명기)

※ 1) 본 보고서는 국내회수 후 즉시 보고하여야 함. 다만, 해외에서 인정된 자본거래로 전환하는
   경우에는 전환 전에 보고할 것

맺음말

대한민국의 해외건설은 반세기의 짧은 역사에도 불구하고 질적 그리고 양적 성장을 통해 해외건설 수주 누계 7,700억불(USD)을 넘어섰다. 그리고 중동으로 편중되어 있던 우리 기업들의 진출국가 범위도 아시아, 아프리카, 중남미 국가들로 넓혀가고 있다. 그러나 아직까지 세계건설시장에서 우리가 차지하는 비중은 미비하고 해외시장 경쟁은 점점 치열해지고 있다. 선진국의 기술력은 여전히 우리보다 앞서있고 이미 예전부터 대규모 원조자금을 들고 아프리카에 공을 들여온 중국과 일본 그리고 최근 신흥국의 빠른 성장에 따른 수주로 한국의 해외건설 진출은 쉽지만은 않은 상황이다.

그나마 알제리는 다른 아프리카 국가에 비해 지리적, 경제적, 기후적 환경이 월등히 뛰어난 국가이다. 국토면적, 인구, GDP, 외환보유고, 외채 등 모든 면에서 아프리카 상위권을 기록하고 있다. 알제리는 유럽에서 항공편으로 2시간이면 도달 가능하고 다양한 항공편이 연결 되어있어 접근성이 뛰어난 국가이다. 특히 산유국으로 투자개발형이 아닌 도급형 대규모 인프라, 건축, 플랜트 사업 등을 발주하는 몇 안 되는 국가이기도 하다. 신규사업 외에도 기존 수도(알제)의 재개발, 도시재생 사업도 계획 중으로 아직까지는 많은 기회가 열려있다. 특히 예전부터 알제리에 진출한 프랑스, 벨기에, 캐나다, 터키 업체들은 이미 네트워크와 현지화가 되어 비용적인 측면과 언어적인 측면에서 유리할 수밖에 없으나, 그럼에도 알제리 국민 및 정부의 한국에 대한 인지도와 이미지는 좋은 편이다.

한국의 건설산업도 기술력을 바탕으로 독창적인 사업기획이나 파이낸싱 기법이 건설에 접목되어야 선진국들과 경쟁이 가능하다. 우리 정부는 다양한 국가들과의 협력 및 협약을 통해 한국기업의 해외진출이 용이하도록 노력하고 있으나, 아직까지는 노력에 비해 성과가 잘 표출되지 못하고 있다. 따라서 단일 도급 성과에 치우치기보다 중장기 비전을 갖고 후속사업의 연계효과 창출을 고민하고 한 국가에 충분히 뿌리 내릴 수 있는 끈기가 있다면 머지않아 해외건설 강국이 될 수 있으리라 저자는 믿어 의심치 않는다.

　　제3의 중흥기를 향해 달려가는 우리의 해외건설도 "세계는 넓고 할 일은 많다"라는 어느 기업가의 말처럼, 이제 우리나라도 사업 다각화를 통해 해외건설시장 변화에 선제적으로 대응할 수 있도록 내부 역량을 강화하는 한편, 기존 토건, 플랜트사업 이외에도 환경, 에너지, 도시 개발, 투자사업 등 기타 다양한 블루오션 분야를 발굴하여 적극 도전했으면 하는 바람이다.

　　저자는 이번 작업을 통해 가능한 기존에 나와 있는 자료 및 보고서를 모으고 취합하여 개인 경험과 예시, 생활과 업무에 필요한 자료 및 양식들을 최대한 제공하려고 노력하였다. 많은 기관들에서 좋은 정보들을 제공하여 저자도 항상 유용하게 잘 활용하고 있고 고맙게 생각하고 있으나, 알제리에 실제 부임하여 살아가기 위한 내용을 다룬 저서는 미비하여 저자도 초기 부임 시 많이 아쉬워했었다. 개인적으로는 실질적인 현지 생활과 업무를 다룬 저서가 아직은 부족한 듯 하여 한 분야를 깊이 들어가는 것보다 최대한 많은 부분을 다루고 공유하는 것이 바람직할 것으로 판단하여 그리 정리하였다. 본 저서에서 다룬 내용들은 각기 다른 세부 주제로 다루어질 수 있기에 추후 저자도 더 연구를 하고 다수의 경험자들이 후속으로 정보를 공유하여 한국 건설사들의 알제리 및 해외 진출에 도움이 되었으면 하는 바람이다.

비상 연락처(출처 한국대사관)

대사관

주소: Ambassade de la Republique de Coree, 23 Chemin de la Madeleine Chekiken, Hydra, Alger, Algerie

전화: +213 (0)23 47 28 38 /(0)23 47 28 55

팩스: +213 (0)23 47 28 51

이메일: koemal@mofa.go.kr

* 당직전화: (평일 17시 이후, 금·토요일): +213 (0)770 11 44 00

KOTRA

주소: 1, Rue Hamdani Lahcen, les Crêtes Hydra, Alger

전화: +213 (0)21 69 37 65, +213 (0)21 69 41 94

팩스: +213 (0)21 69 42 09

KOPIA

주소: 2, Avenue des Frères Oudek, BP N° 200, Hassen−Badi, El−Harrach, Alger

전화: +213 (0)21 82 11 15

비상연락처

경찰(Police): 국번없이 1548(24시간) 또는 17

치안국(외국 대사관 보호국): 021 58 20 80(24시간)

민방위(Protection Civile): 021 61 00 17 또는 14

소방서: 021 71 14 14 또는 14

헌병대(Gendarmerie): 국번없이 1055

구급차(Ambulance): 021 23 63 81, 021 71 1414

주요대학병원

CHU Mustapha: 021 23 55 55

CHU Beni−Messous: 021 93 11 90

CHU Bussein−Day: 021 49 56 56

CHU Constantine: 031 64 16 07

CHU Oran: 041 41 22 38/39/40

CHU Annaba: 038 83 56 30/33

CHU Blida: 025 41 29 81/83

CHU Tizi−Ouzou: 026 21 13 16

part
01

본 QR코드를 스캔하시면 참고문헌을 확인하실 수 있습니다.

저자소개

이동환

유년시절부터 총 20여 년간 프랑스에 거주하며, EABJM(Ecole Active Bilingue Jeannine Manuel) 국제고등학교를 졸업하고 파리 라빌레뜨 국립고등건축대학교(Ecole Nationale Superieure d'Architecture de Paris-La Villette)에서 건축학 학사 및 동 대학원 석사과정을 졸업하였다. 건축사 면허(Architecte DPLG)와 파리 제1대학 소르본 경영대학원에서(Université Paris 1 Panthéon-Sorbonne) 부동산 및 건설 투자전략으로 경영학 석사를 취득 후 2008년까지 프랑스에서 설계사무소 및 부동산 컨설팅 회사에서 근무하며 다양한 실무 경력을 쌓았다. 이후 한화건설에 입사하여 8년간 근무하며 알제리 수도 알제에서 주재원으로, 한화건설 지사와 부이난 신도시 합작투자법인의 설립부터 운영, 관리, 영업, 청산까지 일련의 업무를 담당하였고 주알제리 한국건설협의회 간사를 역임하였다. 그 외 알제리 아르주(Arzew) 정유공장(Refinery) 현장 관리과장으로 근무한 뒤 2015년 말일까지 해외영업본부 해외영업팀에서 MENA지역 영업업무를 담당하였다. 2016년 대림산업으로 자리를 옮겨 알제리 오란(Oran) ECRN Shiplift TF팀에서 관리와 대외영업 업무를 담당하였고 현재 토목사업본부 해외토목영업팀으로 자리를 옮겨 해외 신시장 관련 업무를 담당하고 있다

이승환

부모님을 따라 한국과 프랑스를 꾸준히 왕래하였다. EABJM 국제고등학교와 여의도고등학교에서 수학하고, 한국외국어대학교 및 동대학교 통번역대학원을 졸업하였다. 2008년부터 한국토지공사에 입사하여 알제리 주재원으로 2년 반 동안 근무하는 등 프랑스어권 국가에서 총 12년을 거주하였다. 국내 복귀 후에도 알제리 사업에 관여하며 한국토지주택공사(LH) 해외사업처에서 알제리 하시 메사우드 신도시 사업을 포함한 중동아프리카권역의 해외사업 업무를 담당하였다. 현재는 해외도시개발지원센터에서 모로코 신도시 사업, 해외공무원 초청연수사업을 담당하고 있다. 역서로는 《프랑스어 통역번역사전》, 《프랑스어-한국어 입문사전》, 《프랑스어-한국어 소사전》 등이 있다.

한권으로 보는 알제리 건설 실무

초판발행	2017년 12월 20일
지은이	이동환·이승환
펴낸이	안상준
편 집	전채린
기획/마케팅	서원주
표지디자인	조아라
제 작	우인도·고철민
펴낸곳	㈜ 피와이메이트 서울특별시 마포구 월드컵북로 400, 5층 2호(상암동, 문화콘텐츠센터) 등록 2014. 2. 12. 제2014-000009호
전 화	02)733-6771
f a x	02)736-4818
e-mail	pys@pybook.co.kr
homepage	www.pybook.co.kr
ISBN	979-11-87010-09-8 03540

박영스토리는 박영사와 함께하는 브랜드입니다.